物联网课程改革实验教材

电子传感技术

主　编　陈辉先　黄惠玲

副主编　温沃滢　杜旭文　李如意　张美霞

電子工業出版社
Publishing House of Electronics Industry
北京•BEIJING

内 容 简 介

本书将“电子技术基础”和“传感器基础”两门课程的内容有机结合，参照国家职业技能标准和行业职业技能鉴定规范中的有关要求，结合全国职业院校技能大赛中职组物联网技术应用与维护赛项的相关比赛要求进行编写，兼顾教学与备赛的需要。

本书内容包括认识常见的电子元器件、认识和分析基本电路、搭接简单的电子电路、焊接简单的电子电路、认识常见的敏感元器件、了解传感器套件和连接方法等与电子和传感技术相关的基础知识。本书是编者依据现行的模块化、项目化、任务化教学模式，紧紧围绕教育部最新颁布的课程大纲，在参阅了大量相关资料的基础上编写而成的。

本书可作为中等职业学校物联网相关专业的教材，还可供物联网等智能设备安装技术人员及爱好者学习与使用。

图书在版编目（CIP）数据

电子传感技术 / 陈辉先，黄惠玲主编. 一北京：电子工业出版社，2022.8
ISBN 978-7-121-44130-1

Ⅰ. ①电…　Ⅱ. ①陈…　②黄…　Ⅲ. ①电子传感器　Ⅳ. ①TP212.4

中国版本图书馆 CIP 数据核字（2022）第 147523 号

责任编辑：张　凌
印　　刷：涿州市京南印刷厂
装　　订：涿州市京南印刷厂
出版发行：电子工业出版社
　　　　　北京市海淀区万寿路 173 信箱　　　　邮编：100036
开　　本：880×1 230　1/16　印张：11.25　字数：273.8 千字
版　　次：2022 年 8 月第 1 版
印　　次：2022 年 8 月第 1 次印刷
定　　价：38.00 元

凡所购买电子工业出版社图书有缺损问题，请向购买书店调换。若书店售缺，请与本社发行部联系，联系及邮购电话：（010）88254888，88258888。

质量投诉请发邮件至 zlts@phei.com.cn，盗版侵权举报请发邮件至 dbqq@phei.com.cn。

本书咨询联系方式：（010）88254549，zhangpd@phei.com.cn。

前　言

本书是集合了多位中职一线教师的教改经验编写而成的，主要适用于物联网技术应用、计算机网络技术、网络安防系统安装与维护等专业的教学，参考学时数为 80～120。本书可作为其他相关专业的教材或参考书，还可供从事物联网等智能设备安装技术人员参考。

本书将“电子技术基础”和“传感器基础”两门课程的内容有机结合，以国家职业技能标准为指导，结合行业培训规范，依托典型案例，从初学者的角度出发，根据实际岗位的需求，强化专业基础、突出实践能力、注重素质培养。

本书各任务的设计符合中职学生的学习基础和教学环境，使教学实施与实际岗位需求的知识、技能相对接，在理解基本知识的基础上，更注重基础技能实践，强调“做中学，做中教”，重点培养学生的实际动手操作能力，有助于学生养成良好的职业素养。

本书通过从基础理论到实践操作、从简单到复杂的系统训练过程，循序渐进地提升学生的创新实践能力。书中包含九个项目，每个项目又分为若干任务，让学生通过理论学习逐步掌握常用电子元器件的功能、特点、分类、应用及检测方法，通过实训任务进一步理解、掌握和巩固所学知识与技能，在每个实训任务之后，还提供课后练习题，以帮助学生及时复习总结，查漏补缺。

本书由陈辉先、黄惠玲担任主编，温沃滢、杜旭文、李如意、张美霞担任副主编，其中陈辉先编写项目一～项目五并负责全书的统稿工作，黄惠玲编写项目八并负责全书的校稿工作，温沃滢编写项目七，杜旭文编写项目九，李如意编写项目六，张美霞编写课后练习题。本书在写作过程中得到了北京新大陆时代教育科技有限公司相关技术人员的大力支持和帮助，在此表示衷心的感谢。

由于编者水平有限，书中疏漏之处在所难免，敬请使用本书的师生和广大读者批评指正。

编者

2022 年 8 月

目　录

项目一

学习万用表和电阻

任务一　认识万用表

万用表是一种多功能、多量程的便携式电工电子仪表，是电类专业人员必备的一种工具。

一、万用表分类

一般的万用表可以测量直流电流、直流电压、交流电压和电阻等。有些万用表还可测量电容、电感、功率、晶体管的直流放大倍数 h_{FE} 等。万用表按显示方式一般可分为指针万用表和数字万用表两种，如图 1-1 所示。

指针万用表

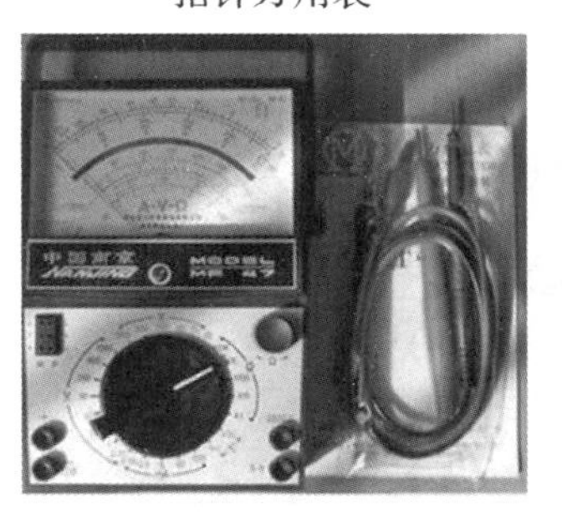

数字万用表

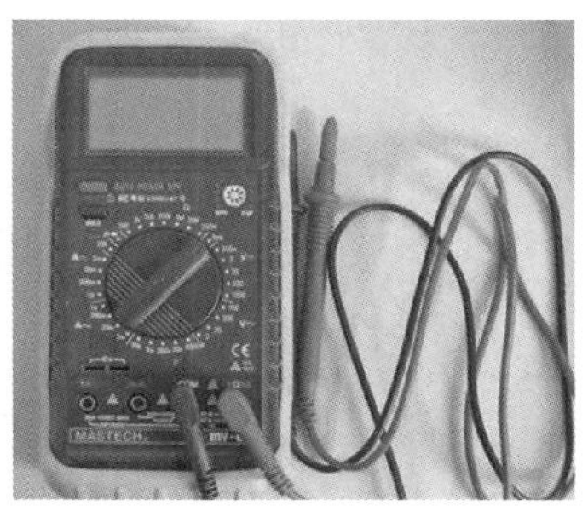

图 1-1　万用表的分类

二、认识指针万用表

指针万用表的结构主要由表头、转换开关（又称选择开关）、测量线路 3 部分组成。

表头是万用表测量结果的显示装置，表头实际上是一个灵敏电流计。通过指针的转动，

表头能够非常直观地体现被测量物的属性变化。指针万用表的表头如图 1-2 所示。

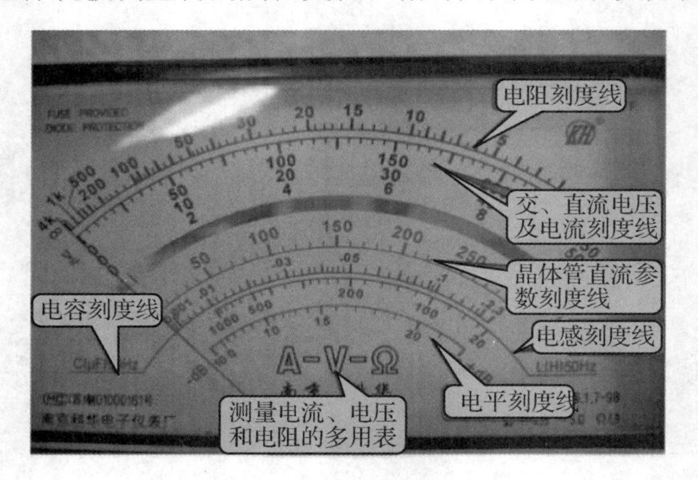

图 1-2　指针万用表的表头

转换开关可选择被测电量的种类和量程（或倍率）。指针万用表的转换开关如图 1-3 所示。

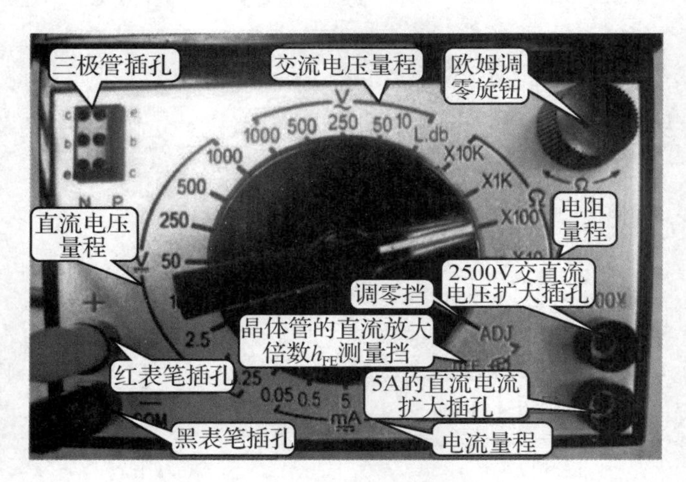

图 1-3　指针万用表的转换开关

测量线路可将不同性质和大小的被测电量转换为表头所能接受的直流电流。外部线路为红、黑表笔。

【实训任务一】

1．学习欧姆挡调零

使用指针万用表的欧姆挡测量电阻之前，先选择合适的量程，再把两支表笔短接，调节欧姆调零旋钮，使指针指向“0Ω”。每当改变欧姆挡量程，由于欧姆表内阻发生了变化，因此在测量之前必须重复欧姆挡调零这项操作。

2．认识指针万用表的极性

红表笔与“+”极性插孔相连，黑表笔与“-”或“*”或“COM”极性插孔相连。测量直流量时，注意正、负极性，以免指针反转。测电流时，仪表应串联在被测电路中；测电压时，仪表应并联在被测电路两端。

注：只有指针万用表在测量电阻时，内部接线是黑表笔接电池的正极，红表笔接电池的负极。所以在测量二极管时，指针万用表的黑表笔应接二极管的正极，红表笔应接二极管的负极。

三、认识数字万用表

1．数字万用表的结构

正面：与指针万用表类似，数字万用表也是由表头、转换开关及测量线路 3 部分组成的。数字万用表的基本结构如图 1-4 所示。

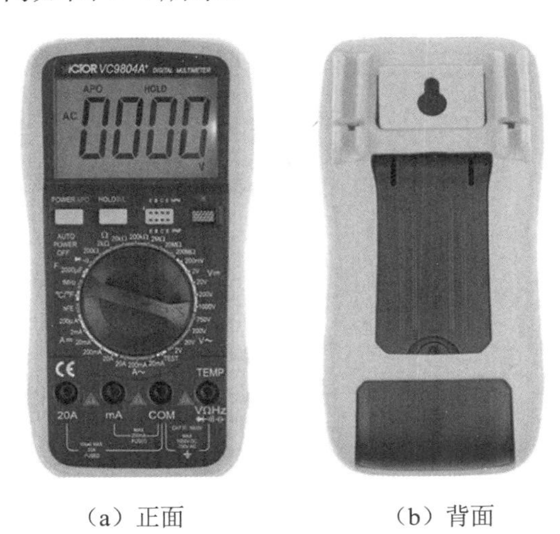

（a）正面　　（b）背面

图 1-4　数字万用表的基本结构

（1）表头：一般由 A/D（模拟/数字）转换芯片、外围元器件和液晶显示屏组成，测量值由液晶显示屏直接以数字形式显示。有些数字万用表除了能显示测量结果的数据，还能显示测量结果的单位等一些易读的信息；有些数字万用表则无单位显示，需要使用者根据量程来确定单位。

（2）转换开关：用来选择各种不同的测量线路，选择被测电量的种类和量程（或倍率），以满足不同种类和不同量程的测量要求。

（3）测量线路：用来将不同性质和大小的被测电量转换为表头所能接受的直流电流。测量线路由电阻、半导体元器件及电池组成。

背面：为方便我们使用，数字万用表背后设置表笔卡槽，可以方便我们收纳表笔；设置挂孔，可以方便我们将数字万用表挂在高处测量；设置挡板，可以方便我们读取数据。

2. 常见的数字万用表的功能

指针万用表是一种平均值式仪表，具有直观、形象的读数指示。数字万用表是瞬时取样式仪表，每 0.3s 取一次样来显示测量结果，有时每次取样结果只是十分相近。一般数字万用表可以测量直流电流、直流电压、交流电流、交流电压、电阻等，有的还可以测量电容量、电感量及半导体的一些参数。

具体可以参看表 1-1 确定数字万用表所提供的功能。

表 1-1　万用表挡位图示表

图　示	说　明	图　示	说　明
V～	交流电压挡	V⎓	直流电压挡
A～	交流电流挡	A⎓	直流电流挡
Ω	电阻挡	⊣⊢	电容挡（有些用 F 表示）
·)))	通断蜂鸣挡	─▷|─	二极管挡
℃/℉	温度测量挡	hFE	三极管参数挡
FUNC	功能切换按钮	HOLD	数据保持按钮

3. 数字万用表的优点

数字万用表的优点很多，其主要特点是准确度高、分辨率高、测试功能完善、测量速度快、显示直观、过滤能力强、耗电少，便于携带。数字万用表是现在电子测量与维修工作的必备仪表，并正在逐步取代传统的指针（模拟式）万用表。相比指针万用表，数字万用表有以下几个优点。

（1）数字万用表测量电阻不需要调零。

（2）价格优惠。

（3）测量精度高。

（4）读数更直观。

（5）功能强大。

注：在测量电压、电流时，数字万用表的红表笔接正极，黑表笔接负极；在测量二极管等单向导通的元器件时，数字万用表的红表笔接正极，因为数字万用表的红、黑表笔分别接内部电池的正、负极。（和指针万用表正好相反。）

【实训任务二】

1. 学习表笔的插接方式

黑表笔：黑表笔统一插入 COM（公共端）插孔。

红表笔（以图 1-4 的数字万用表为例）：

（1）测量大电流：插入 20A 插孔；

（2）测量小电流：插入 mA 插孔；

（3）其他测量：插入 VΩ 插孔。

看图 1-5 指出图中 3 种类型的数字万用表的表笔插孔的不同，并填入实验报告中。

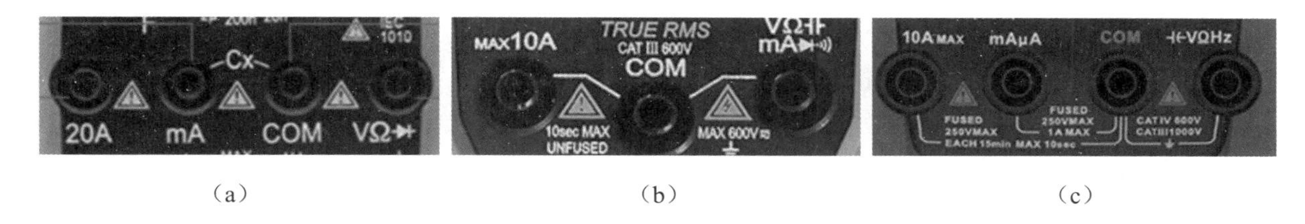

（a）（b）（c）

图 1-5　不同类型的数字万用表的表笔插孔

2．用蜂鸣挡测通断

给出一个 4 脚轻触按键，如图 1-6 所示，通过数字万用表的蜂鸣挡来测量按键的通断，画出轻触按键的内部结构图，将结果填入实验报告中。

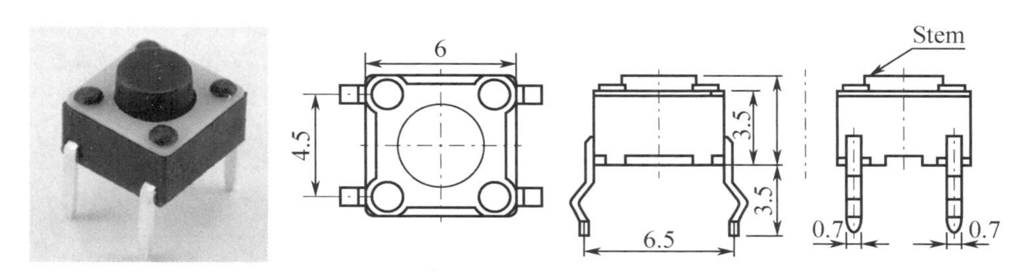

图 1-6　轻触按键及其构造示意图（单位为 mm）

知识扩展

断路：断开的电路。若干路断路，则整个电路无电流；若某支路断路，则该支路无电流。

通路：与断路含义正好相反。教材中通路的定义是“处处连通的电路”。在并联电路中，也有某支路是通路、某支路是断路的情况。

短路：电流不经过用电器，直接由电源正极流向负极。短路的直观表现就是有导线（不经过用电器）直接连在了电源正负极间。短路非常危险，会损坏电源或烧毁电线（所以家庭生活电路中都要安装短路保护器）。

【课后练习题】

一、选择题

1．万用表按（　　）分为指针万用表和数字万用表。

A．使用方式　　B．维修方式　　C．测试方式　　D．显示方式

2．数字万用表的黑表笔一般插入（　　）插孔。

A．COM　　B．VΩ　　C．20A　　D．不确定

3．在测量电压（电流）时，数字万用表的红表笔接（　　），黑表笔接（　　）。

A．正极，负极　　B．负极，正极　　C．随便接　　D．不确定

4．在测量二极管等具有极性的元器件时，数字万用表的红表笔接的是内部电池的（　　），黑表笔接的是内部电池的（　　）。

A．正极，负极　　B．负极，正极　　C．随便接　　D．不确定

5．在测量二极管等具有极性的元器件时，指针万用表的红表笔接的是内部电池的（　　），黑表笔接的是内部电池的（　　）。

A．正极，负极　　B．负极，正极　　C．随便接　　D．不确定

二、填空题

1．万用表分为______________和______________。

2．利用下图的数字万用表测量电容，黑表笔应该插入的插孔是__________，红表笔应该插入的插孔是__________。测量电阻，红表笔应该插入的插孔是__________。测量大电流，红表笔应该插入的插孔是__________。

3．利用下图的数字万用表测量电容，黑表笔应该插入的插孔是__________，红表笔应该插入的插孔是__________。测量电阻，红表笔应该插入的插孔是__________。测量大电流，红表笔应该插入的插孔是__________。

三、画图题

画出轻触按键的内部结构图。

任务二　认识电阻器

电阻器（Resistance，通常用英文符号“R”表示，以下简称“电阻”），是电子产品中使用最多的电子元器件之一。电阻也是一个物理量，在物理学中表示导体对电流阻碍作用的大小。导体的电阻越大，表示导体对电流的阻碍作用越大。

一、常见的电阻

电阻按结构形式的不同，可分成固定电阻和可调电阻两大类。

1．固定电阻

不能调节的电阻，称为定值电阻或固定电阻，它的阻值大小就是它的标称阻值。在电路图中，经常用图 1-7 的电路图形符号来代表电阻，图 1-8 所示为常用电阻的外形。

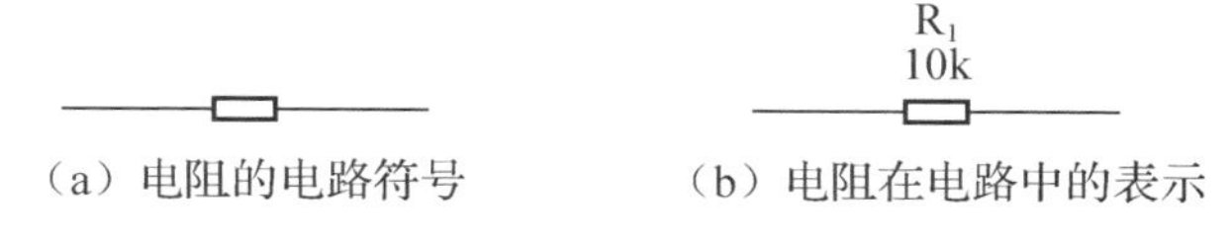

（a）电阻的电路符号　　（b）电阻在电路中的表示

图 1-7　电阻的电路图形符号

符号解释如下。

（1）电路图形符号表示电阻有两根引脚。

（2）用字母 R 表示电阻。

（3）R_1 中的 1 表示该电阻在电路图中的编号。

（4）10k 表示该电阻的阻值为 10kΩ。

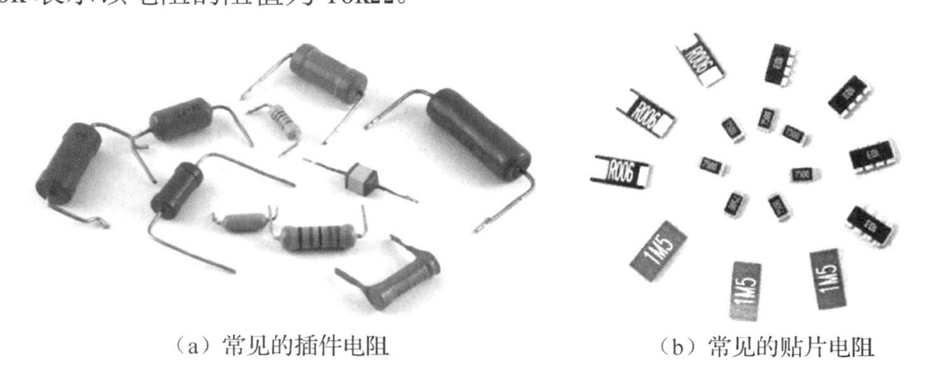

（a）常见的插件电阻　　（b）常见的贴片电阻

图 1-8　常用电阻的外形

2．可调电阻

阻值可以调节的电阻，称为可调电阻，可调电阻的阻值可以在小于标称值的范围内变

化。常见的可调电阻有电位器。例如，教室吊扇风量调节的装置是一个圆形的电位器。

二、电阻的参数

1．电阻阻值

电阻由导体两端的电压 U 与通过导体的电流 I 的比值来定义，即 $R=U/I$。所以，当导体两端的电压一定时，电阻越大，通过的电流越小；反之，电阻越小，通过的电流越大。

电阻的单位为欧姆（Ω），简称欧。常用的单位还有千欧（kΩ）、兆欧（MΩ）。

单位换算方法：$1k\Omega=10^3\Omega$，$1M\Omega=10^6\Omega$。

2．电阻功率

电阻功率为在规定条件下，电阻长期工作时所允许承受的最大电功率。常用的电阻功率主要有 1/8W、1/4W、1/2W、1W、2W 等，一般电阻功率越大，电阻体积越大。

电阻有其承受的功率大小，如果自身消耗的功率超过可承受的功率就会过热烧毁。因此不可使用低功率的电阻代替高功率的电阻。

3．允许偏差

电阻的允许偏差是允许电阻阻值变动的范围，用±%表示。若一个电阻的标称阻值为 100Ω，允许偏差为±10%，则该电阻的阻值为 90～110Ω。

三、电阻的阻值表示法

1．直标法

直标法指在电阻的表面直接用数字和单位符号标出电阻的标称阻值，其允许偏差直接用百分数表示，如图 1-9 所示。直标法的优点是直观，一目了然，但体积小的电阻不能采用这种标注法。

2．数标法

数标法主要用于贴片电阻等小体积的电阻，如图 1-10 所示。

例如：473 表示 $47\times10^3\Omega$（47kΩ）；103 则表示 $10\times10^3\Omega$；5R60 则代表 5.6Ω，R 所在位置即小数点所在位置。

图 1-9　电阻的直标法

图 1-10　数标法标识的贴片电阻

3. 色标法

色标法指用不同色环标明阻值及允许偏差，其具有标志清晰并从各个角度都容易看清的优点。在一般色环电阻上印有四或五道色环来表示阻值，如图 1-11 所示。

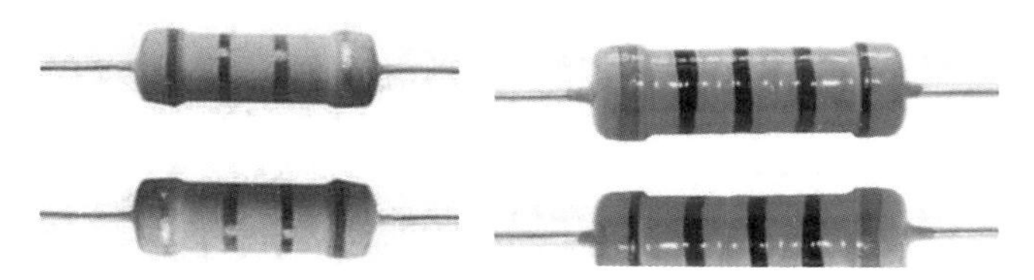

图 1-11　四色环电阻和五色环电阻

注：确定色环电阻读数方向的方法如下。

（1）先确定最末一环。常用的表示电阻允许偏差的颜色是金、银、棕。尤其是金色环和银色环，不可能在第一环出现，所以在电阻上只要有金色环和银色环，就可以基本认定这是色环电阻的最末一环。

（2）棕色环既可用作允许偏差环，又可用作有效数字环，且常常在第一环和最末一环中同时出现，使人很难识别谁是第一环。在实践中，可以按照色环之间的间隔加以判别。比如对于一个五道色环的电阻而言，第五环和第四环之间的间隔比第一环和第二环之间的间隔要宽一些，据此可判定色环的排列顺序。

对于四色环电阻，第一、二环表示两位有效数字，第三环表示倍乘数，第四环表示允许偏差，如图 1-12（a）所示。

对于五色环电阻，第一、二、三环表示三位有效数字，第四环表示倍乘数，第五环表示允许偏差，如图 1-12（b）所示。

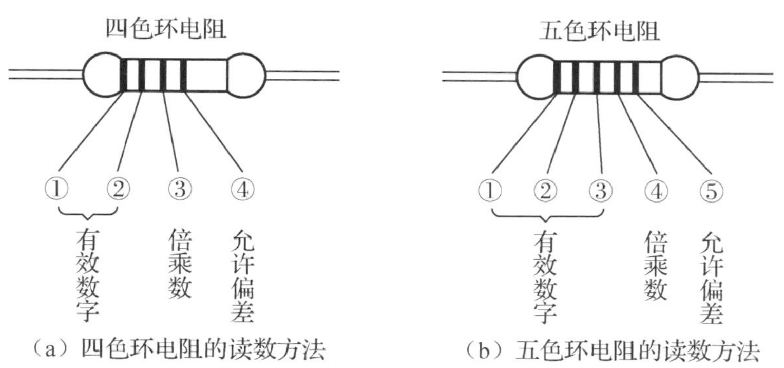

图 1-12　色环电阻的标识方法

确定好色环电阻读数方向后，通过查询表1-2可以读出色环电阻的阻值。

表1-2 色环电阻颜色的意义

颜 色	有效数字	倍乘数	允许偏差
黑	0	$\times10^{0}$	
棕	1	$\times10^{1}$	±1%
红	2	$\times10^{2}$	±2%
橙	3	$\times10^{3}$	
黄	4	$\times10^{4}$	
绿	5	$\times10^{5}$	±0.5%
蓝	6	$\times10^{6}$	±0.25%
紫	7	$\times10^{7}$	±0.1%
灰	8	$\times10^{8}$	
白	9	$\times10^{9}$	
金		$\times10^{-1}$	±5%
银		$\times10^{-2}$	±10%

【实训任务】

1．读取四色环电阻的阻值

读取老师发放的3个四色环电阻的阻值，并填写表1-3。

表1-3 四色环电阻读数

序 号	颜 色	对应数字	标称阻值	允许偏差
例	红，橙，黑，金	2，3，0，±5%	23Ω	
1				
2				
3				

2．读取五色环电阻的阻值

读取老师发放的3个五色环电阻的阻值，并填写表1-4。

表1-4 五色环电阻读数

序 号	颜 色	对应数字	标称阻值	允许偏差
1				
2				
3				

【课后练习题】

一、选择题

1．电阻器用英文符号（　　）表示。

A．R_L　　B．R_T　　C．R　　D．R_P

2．电阻由导体两端的电压 U 与通过导体的电流 I 的比值来定义，即（　　）。

A．$R=V/I$　　B．$R=I/V$　　C．$R=U/I$　　D．$R=I/U$

3．下面电阻单位换算错误的是（　　）。

A．$1\text{k}\Omega=10^3\Omega$　　B．$1\text{M}\Omega=10^6\Omega$　　C．$1\text{M}\Omega=10^3\Omega$　　D．$1\text{M}\Omega=10^3\text{k}\Omega$

4．用色环法读电阻的阻值，最后一环表示（　　）。

A．允许偏差　　B．倍率　　C．有效数字　　D．无效数字

5．数标法 472 标识的电阻的阻值为（　　）。

A．472Ω　　B．47Ω　　C．47kΩ　　D．4.7kΩ

二、填空题

1．参照表 1-2，五色环电阻“红棕黑橙金”表示的阻值为______，四色环电阻“红棕橙金”表示的阻值为______。

2．当导体两端的电压一定时，电阻越大，通过的电流越______；反之，电阻越小，通过的电流越______。

3．如下图所示，电路中电阻的编号为______，电阻的阻值为______。

R_1
10k

三、画图题

画出电阻的电路符号。

任务三　认识电位器

用于分压的可调电阻一般称为电位器（Potentiometer，在电路图中一般用英文符号 R_P 表示），通常由电阻体与转动或滑动系统组成，即靠一个动触点在电阻体上移动，获得部分电压输出。

一、常见的电位器

电位器是具有 3 个引出端子、阻值可按某种变化规律调节的电阻元件。电位器既可作为三端元件使用也可作为二端元件使用，后者可视为可调电阻。可调电阻和电位器的电路符号如图 1-13 所示。

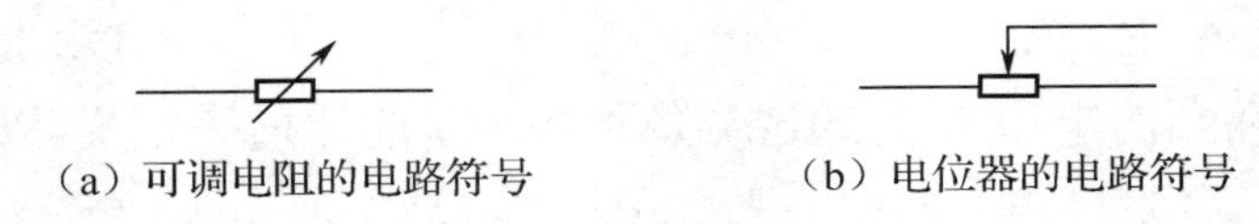

（a）可调电阻的电路符号　　（b）电位器的电路符号

图 1-13　可调电阻和电位器的电路符号

从形状上分，电位器有圆柱体、长方体等多种形状；从结构上分，电位器有直滑式、旋转式、带开关式、带紧锁装置式、多连式、多圈式、微调式和无接触式等多种形式。较常见的电位器有普通旋转式电位器、带开关电位器、超小型带开关电位器、直滑式电位器、多圈电位器、取调电位器、双联电位器等。常见的电位器的外形如图 1-14 所示。

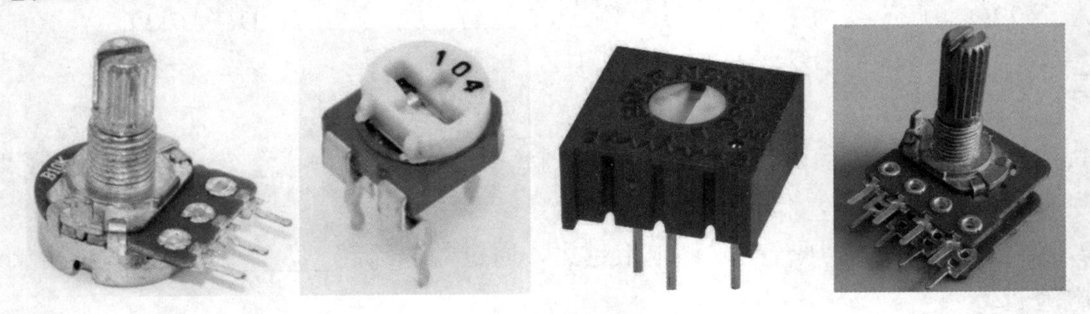

图 1-14　常见的电位器的外形

二、电位器的结构

电位器通常有 3 个引出端子，其中有 2 个为固定端子，固定端子之间的阻值最大，为电位器的标称值；另一端子为活动端子，通过改变活动端子与固定端子间的位置，可以改变相应端子间的阻值。

电位器的结构如图 1-15 所示，由电阻体、滑动臂、转轴、外壳和簧片构成。电位器的 3 个引出端子中，AC 之间的阻值最大，AB、BC 之间的阻值可以通过与转轴相连的簧片位置的不同而加以改变。

图 1-15　电位器的结构

三、用数字万用表测量电阻的步骤

1．开机

将电源开关置于 ON 位置，打开万用表电源。

2．插入表笔

红表笔插入 VΩ 插孔，黑表笔插入 COM 插孔。测量电阻时，红表笔为正极，黑表笔为负极，这与指针万用表正好相反。

3．检查数字万用表

先短路两表笔，显示为 0 或零点几（因为数字万用表的表笔本身有阻值，如果挡位放在 200Ω 挡时会显示 0.4 或 0.5）。如果表笔正常，再测量。

4．确定量程开关位置并测量电阻

将量程开关拨至 Ω 的合适量程，用表笔接触电阻两端，有效连接后，数字万用表会显示一个稳定的读数。

注：在测量电阻时，若数字万用表如图 1-16 所示，显示“1.”，则有两种可能：一是被测电阻的阻值超出所选择量程的最大值，这时应选择更高的量程；二是万用表没有有效连接电阻。

图 1-16　数字万用表显示“1.”的画面

【实训任务】

1．读取并测量色环电阻的阻值

读取并测量老师发放的 3 个色环电阻的阻值，填写表 1-5。

表 1-5　色环电阻测量

序号	颜　色	对应数字	标称阻值	允许偏差	测量阻值	质量好坏
例	红，橙，黑，金	2，3，0，±5%	23Ω	±5%	26Ω	不合格
1						
2						
3						

2．测量电位器的阻值变化

测量老师发放的 2 个电位器的阻值范围，并填写表 1-6。

表 1-6　电位器测量

序号	电位器标识	AC 端阻值	AB 端阻值调节范围	BC 端阻值调节范围	是否有效调节
例	B10K	9.98kΩ	0～9.98kΩ	0～9.98kΩ	正常
1					
2					
3					

【课后练习题】

一、选择题

1．电位器用英文符号（　　）表示。

A．R_L　　B．R_T　　C．R_G　　D．R_P

A B C

2．如右图所示，电位器有 3 个引出端子 A、B、C，其中（　　）为固定端子，（　　）为活动端子。

A．A、B，C　　B．A，B、C　　C．A、C，B　　D．B、C，A

3．电位器是具有（　　）个引出端子、阻值可按某种（　　）规律调节的电阻元件。

A．2，变化　　B．3，不变　　C．2，不变　　D．3，变化

4．电位器通常有 3 个引出端子，其中有 2 个为固定端子，固定端子之间的阻值（　　），为电位器的标称值。

A．最大　　B．最小　　C．中间　　D．会变化

二、填空题

1．数字万用表测量电阻时，红表笔为_____极，黑表笔为_____极，这与指针万用表正好__________（相反/相同）。

2．数字万用表显示“1.”时，有两种可能：一是被测电阻的阻值超出所选择量程的最

________值，这时应选择________的量程；二是万用表没有有效连接电阻。

三、画图题

画出电位器的电路符号。

注：数字万用表使用注意事项如下。

（1）测量前，必须明确被测量的量程挡。若无法预先估计被测电压或电流的大小，则应先拨至最高量程挡测量一次，再视情况逐渐把量程减小到合适位置。满量程时，仪表仅在最高位显示数字 1，其他位均消失，这时应选择更高的量程。

（2）测量完毕，应将量程开关拨到 OFF 挡，关闭万用表的电源。（部分万用表设置了开关按钮，需要先将量程开关拨到最高电压挡，再关闭电源。）

（3）长期不用的万用表，应将电池取出，避免电池存放过久而变质，漏出的电解液会腐蚀零件。

（4）测量电压时，应将万用表与被测电路并联。测量电流时，应将万用表与被测电路串联。测量交流量时不必考虑正、负极性。测量电阻时，需要切断电阻与电路的连接，同时避免用手触碰表笔的金属部分以免影响测量结果。

（5）当误用交流电压挡测量直流电压，或者误用直流电压挡测量交流电压时，显示屏将显示“.000.”，或低位上的数字跳动。

（6）禁止在测量高电压（220V 以上）或大电流（0.5A 以上）时换量程，以防止产生电弧，烧毁开关触点。

（7）当显示“.BATT.”或“.LOWBAT.”时，表示电池电压低于工作电压。

任务四 认识敏感电阻

敏感电阻是一种对光照强度、压力、湿度等模拟量敏感的特殊电阻。选用时不仅要注意其额定功率、最大工作电压、标称阻值，还要注意最高工作温度和电阻温度系数等参数，以及阻值变化方向。

一、认识光敏电阻

1. 光敏电阻的概念

光敏电阻是利用半导体的光电效应制成的一种阻值随入射光的强弱而改变的电阻，一般用于光的测量、照明开关控制和光电转换（将光的变化转换为电的变化）。用于制造光敏电阻的材料主要是硫化镉等半导体。光敏电阻用一般用英文符号 R_L 表示，图 1-17 所示为光敏电阻的外形和电路符号。

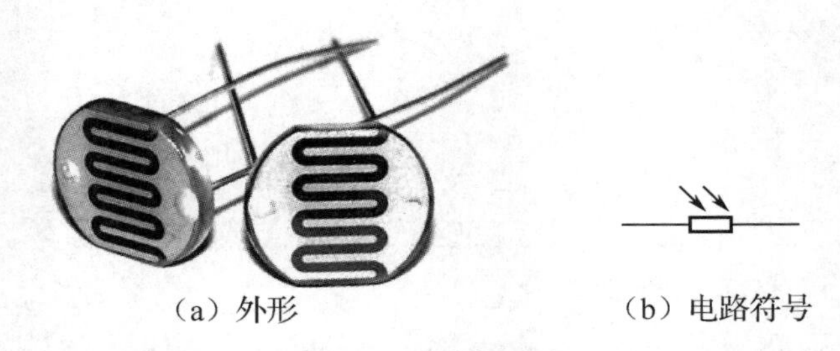

（a）外形　　　　（b）电路符号

图 1-17　光敏电阻的外形和电路符号

2．光敏电阻的特点

入射光增强，光敏电阻的阻值减小；入射光减弱，光敏电阻的阻值增大。

光敏电阻的阻值随入射光的强弱变化而变化。在黑暗条件下，它的阻值（暗电阻）可达 1MΩ～10MΩ；在强光条件（>100 lx）下，它的阻值（亮电阻）仅有几百至数千欧姆。光敏电阻对光的敏感性与人眼对可见光的响应很接近。

3．光敏电阻的分类

我们肉眼可见到的光为可见光，是电磁波的一小段。图 1-18 所示为电磁波的光谱。根据光敏电阻的光谱特性，可将光敏电阻分为以下 3 种。

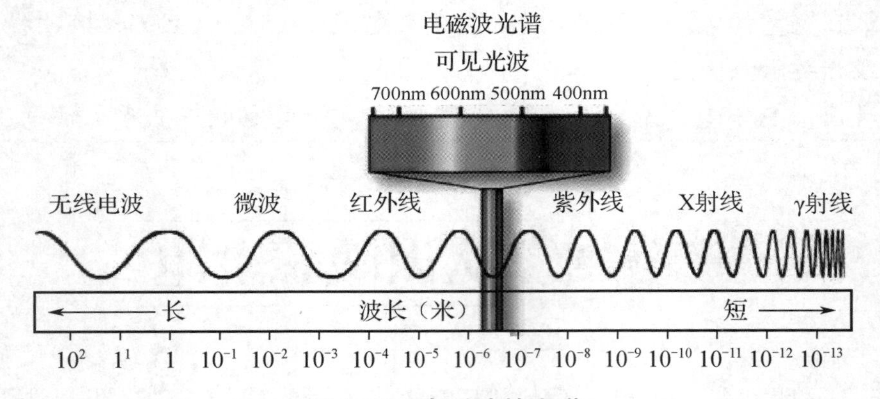

图 1-18　电磁波的光谱

（1）紫外光敏电阻：用于探测紫外线。

（2）红外光敏电阻：广泛用于导弹制导、天文探测、非接触测量、人体病变探测、红外通信等国防、科学研究和工农业生产中。

（3）可见光光敏电阻：主要用于各种光电控制系统，如光电自动开关门、航标灯、路灯和其他照明系统的自动亮灭，机械上的自动保护装置和“位置检测器”，极薄零件的厚度检测器，照相机自动曝光装置，光电计数器，烟雾报警器，光电跟踪系统等方面。

4．光敏电阻的检测

（1）用一黑纸片将光敏电阻的透光窗口遮住，用数字万用表的电阻最高挡测量，显示阻值很大。若此值越大，则说明光敏电阻性能越好；若此值很小或接近于零，则说明光敏电阻损坏，不能使用。

（2）将一光源对准光敏电阻的透光窗口，阻值明显减小，若此值越小，则说明光敏电阻性能越好。若此值无变化，还是非常大，则说明光敏电阻内部开路损坏，不能使用。

（3）将光敏电阻的透光窗口对准入射光，用小黑纸片在光敏电阻的透光窗口上部晃动，使其间断受光，此时，数字万用表显示的阻值不断跳动。若此值不随纸片晃动而变化，则说明光敏电阻损坏。

5．光敏电阻的应用

图 1-19 所示为光控开关电路，该光控开关电路可以用于楼道、路灯等公共场所。通过光敏电阻，光控开关电路在天黑时自动开灯，天亮时自动熄灭。电路中，VS 是晶闸管，R_L 是光敏电阻。

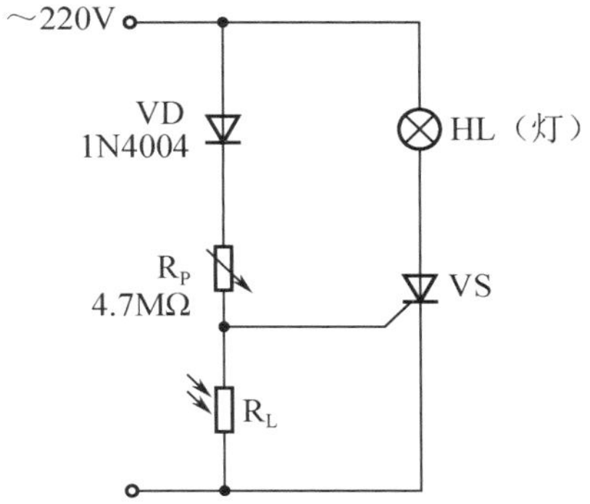

图 1-19　光控开关电路

二、认识热敏电阻

1．热敏电阻的概念

热敏电阻是敏感元件的一类，热敏电阻的典型特点是对温度敏感，在不同的温度下表现出不同的阻值。它一般用英文符号 R_T 表示，图 1-20 所示为热敏电阻的常见外形和电路符号。

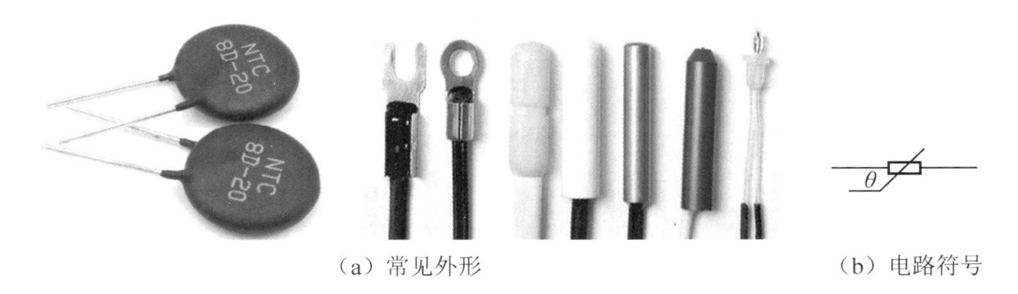

（a）常见外形　　（b）电路符号

图 1-20　热敏电阻的常见外形和电路符号

2．热敏电阻的分类

正温度系数热敏电阻（简称 PTC）随着温度的升高，其阻值明显增大。利用该特性，正温度系数热敏电阻多用于自动控制电路。

负温度系数热敏电阻（简称 NTC）随着温度的升高，其阻值明显减小。利用该特性，负温度系数热敏电阻在小家电中常用于软启动和自动检测及控制电路等。

3．热敏电阻的特点

（1）灵敏度较高，其电阻温度系数要比金属大 10～100 倍，能检测出 10^{-6}℃的温度变化。

（2）工作温度范围宽，常温器件适用温度为-55～315℃，高温器件适用温度高于 315℃（目前最高可达到 2000℃），低温器件适用温度为-273～-55℃。

（3）体积小，能够测量其他温度计无法测量的空隙、腔体及生物体内血管的温度。

【实训任务】

1．测量光敏电阻的阻值

利用老师发放的 3 个光敏电阻和 2 个鳄鱼夹，采用书本遮挡和手机闪光灯的方式，用万用表分别测量光敏电阻的亮电阻和暗电阻，并填写表 1-7。

表 1-7　光敏电阻阻值的测量

序　号	亮 电 阻	暗 电 阻	质 量 好 坏
1			
2			
3			

2．测量热敏电阻的阻值

利用老师发放的 3 个热敏电阻、2 个鳄鱼夹和 1 个电烙铁（使用时注意安全），采用常温、体温、电烙铁加热 3 种方式，用万用表分别测量热敏电阻在不同温度时的阻值变化，并填写表 1-8。

表 1-8　热敏电阻阻值的测量

序　号	常 温 阻 值	体 温 阻 值	电烙铁加热阻值	质 量 好 坏
1				
2				
3				

注：注意事项如下。

（1）电烙铁加热后，温度急剧升高，使用时要注意安全。

（2）使用万用表测量时，如果不方便使用表笔，可以使用鳄鱼夹。

【课后练习题】

一、选择题

1．光敏电阻用英文符号（　　）表示。

A．R_L　　B．R_T　　C．R_G　　D．R_P

2．热敏电阻用英文符号（　　）表示。

A．R_L　　B．R_T　　C．R_G　　D．R_P

3．光敏电阻的特点是：入射光增强，阻值（　　）；入射光减弱，阻值（　　）。

A．减小，增大　　B．增大，减小　　C．为零，无限大　　D．无限大，为零

4．正温度系数热敏电阻随着温度的升高，其阻值明显增大，简称（　　）。

A．PTT　　B．PPT　　C．PTP　　D．PTC

5．负温度系数热敏电阻随着温度的升高，其阻值明显减小，简称（　　）。

A．NTT　　B．NNT　　C．NTN　　D．NTC

二、填空题

1．根据光敏电阻的光谱特性，可分为3种光敏电阻：__________________、红外光敏电阻、______________________。

2．光敏电阻的阻值随入射光的强弱变化而变化。在黑暗条件下，一般称它的阻值为____________，可达1MΩ～10MΩ；在强光条件（>100 lx）下，它的阻值称为____________，仅有几百至数千欧姆。

三、画图题

1．画出光敏电阻的电路符号。

2．画出热敏电阻的电路符号。

学习电容和电源

任务一 认识电容

电容（Capacitance，一般用英文符号“C”表示），是指在给定电位差下自由电荷的储藏量。从物理学上讲，它是一种静态电荷存储介质，电荷可能会永久存在，这是它的特征。它的用途较广，是电子、电力领域中不可缺少的电子元件。

一、电容的概念和分类

两个相互靠近的导体，中间夹一层不导电的绝缘介质，这就构成了电容器（以下简称“电容”）。当电容的两片极板之间加上电压时，电容就会存储电荷。

常见的电容有多种分类方法，主要有以下 4 种。

（1）按照结构分类：固定电容、可变电容和微调电容。

（2）按外形分类：插件式电容、贴片式（SMD）电容。

（3）按电介质分类：有机介质电容、无机介质电容、电解电容、电热电容和空气介质电容等。

（4）按制造材料分类：陶瓷电容、涤纶电容、电解电容、钽电容，还有先进的聚丙烯电容等。

二、电容的符号

图 2-1 给出了几种电容的电路符号，其电路符号形象地表示了电容的结构：两条平行的粗线就好像是电容的两片极板，两条细线代表引脚线。

图 2-1　电容的电路符号

三、常见的电容

1．陶瓷电容

陶瓷电容又称瓷介电容，是用高介电常数的电容陶瓷（钛酸钡一氧化钛）挤压成圆管、圆片或圆盘作为介质，并用烧渗法将银镀在陶瓷上作为电极制成的。高频陶瓷电容适用于无线电、电子设备的高频电路。陶瓷电容的封装颜色多为土黄色和蓝色。两种常见的陶瓷电容如图 2-2 所示。

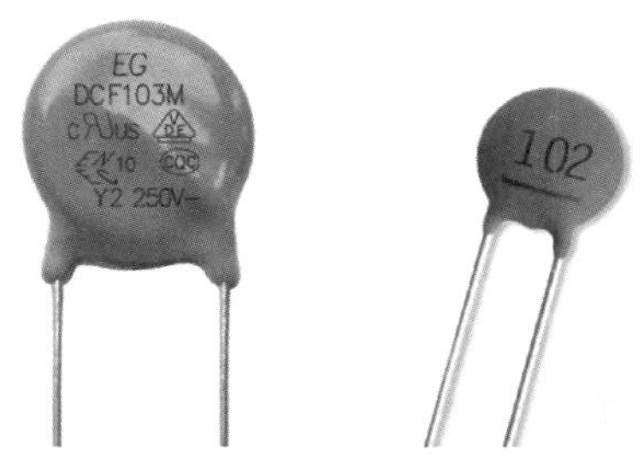

图 2-2　两种常见的陶瓷电容

2．电解电容

电解电容是电容的一种，金属箔为正极（铝或钽），负极由导电材料、电解质（电解质可以是液体或固体）和其他材料共同组成，电解质是负极的主要部分，电解电容因此而得名。电解电容的正、负极不可接错。两种常见的电解电容如图 2-3 所示。

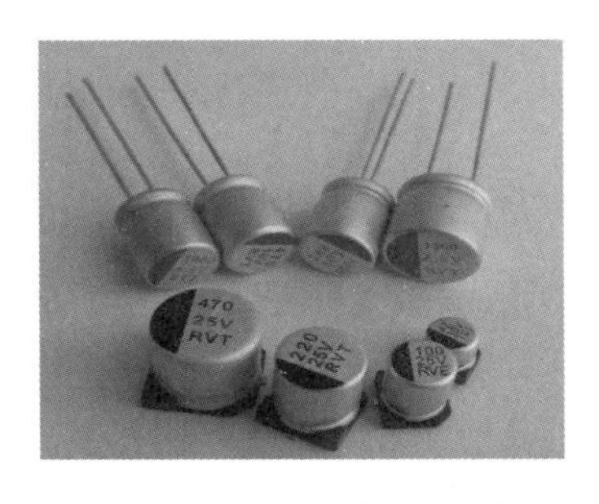

图 2-3　两种常见的电解电容

铝电解电容用浸有糊状电解质的吸水纸夹在两条铝箔中间卷绕而成，电容损坏常有流水（电解液）的表现。用烧结的钽块作为正极，用固体二氧化锰作为电解质的电解电容，其温度特性、频率特性和可靠性均优于液态铝质电解电容。

注：电解电容是有极性电容，不能接受反向电压，反接很容易使其损坏。电解电容正、负极的识别方法如下。

（1）通过两个引脚的长度不同来判断，长的引脚就是正极，短的引脚就是负极。

（2）通过看外面标记一排的“-”符号或小色块来识别负极。

3．其他电容

其他常见的电容如图 2-4 所示。

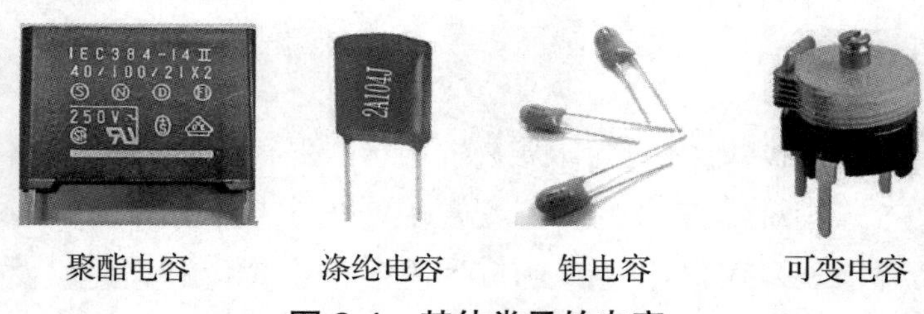

图 2-4　其他常见的电容

四、电容的参数

1．标称容量

电容存储电荷的能力称为电容量。电容的外壳表面上标出的电容量值，称为电容的标称容量。电容量的基本单位是法拉（简称“法”），用 F 表示，但法拉这一单位太大，常用的电容量单位是微法（μF）和皮法（pF）。其单位换算关系如下：

$$1\text{F}=10^6\mu\text{F}=10^{12}\text{pF}$$

2．允许偏差

电容的允许偏差也与电阻相同，常用电容的允许偏差有±2%、±5%、±10%、±20%，通常电容的电容量越小，允许偏差越小。

3．额定工作电压

额定工作电压是指在规定温度范围内，可以连续加在电容上而不损坏电容的最大直流电压或交流电压的有效值，又称耐压。这是一个重要参数，如果电路发生故障，造成加在电容两端的电压大于额定工作电压时，电容将被击穿。常用的固定电容的额定工作电压有 10V、16V、25V、50V、100V、2500V 等。

五、电容的容值表示法

1．直标法

电容的直标法是指电容在出厂以前就在表面印上了厂家标志、型号、标称容量、允许偏差、额定工作电压等。如图 2-5 所示，可以读出以下两个电解电容的标称容量分别是 470μF 和 2200μF。也可以读出这两个电容的额定工作电压分别是 100V 和 25V。

图 2-5　电容的直标法

电路图中对电容耐压的要求一般直接用数字标出，不做标示的可根据电路的电源电压选用电容。使用中应保证加在电容两端的电压不超过额定工作电压，否则将会损坏电容。

注：用直标法标注的电容量，有时电容上不标注单位，其识读方法为：凡是电容量>1 的无极性电容，其电容量单位为 pF，如 5100 表示电容量为 5100pF。凡是电容量<1 的电容，其电容量单位为 μF，如 0.01 表示电容量为 0.01μF。凡是有极性电容，其电容量单位是 μF，比如 100，其电容量就表示为 100μF。

2．数字标志法

数字标志法用 3 位数字表示电容的电容量大小。第 1 位、第 2 位是有效数字，第 3 位表示有效数字后面 0 的个数，单位为 pF。比如 223，表示其电容量为 22×10^{3}pF。

但是当第 3 位是 9 时表示 10^{-1}。比如 229，其电容量表示为 22×10^{-1}pF=2.2pF。

电容的数字标志法如图 2-6 所示。

3．文字符号法

使用文字符号法时，电容量整数部分写在电容量单位符号的前面，电容量的小数部分写在电容量单位符号的后面，前面的 3 个数字表示同数字标志法。允许偏差用文字符号 D（±0.5%）、F（±1%）、G（±2%）、J（±5%）、K（±10%）、M（±20%）表示。

电容的文字符号法如图 2-7 所示。

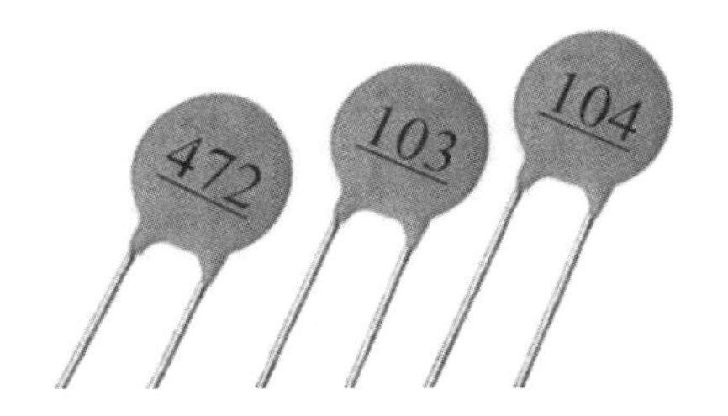

图 2-6　电容的数字标志法

图 2-7　电容的文字符号法

六、万用表的测量方法

用数字万用表测量电容时，具体步骤如下。

（1）将电容两端短接，对电容进行放电，确保万用表的安全。

（2）将转换开关旋至电容（F）挡，并选择合适的量程。确保黑表笔在 COM 端口，红表笔在 Cx 这个端口。

（3）红黑表笔接电容两端，直接读数即可。用数字万用表测量电容如图 2-8 所示。

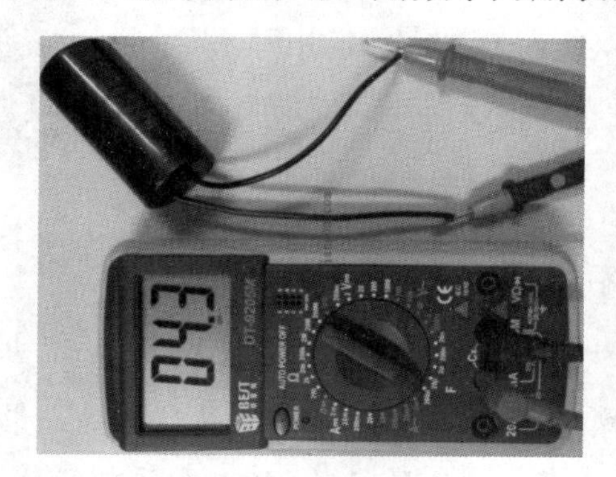

图 2-8　用数字万用表测量电容

注：（1）若为有极性电容，数字万用表的红表笔接有极性电容的正极，黑表笔接有极性电容的负极。

（2）手不能同时接触表笔两端，否则会导致读数不准。

【实训任务】

1．读出课本上插图数据

请读出图 2-6 和图 2-7 中各电容的电容量，并填写表 2-1。

表 2-1　插图的读数

序　　号	标 称 方 法	标　称　值	电容的电容量
例	数字标志法	223	22×10^3pF（0.022μF）
1			
2			
3			
4			
5			

2．读出发放的电容的电容量

根据本节课所学习的内容，识别老师发放的 3 个电容的类型，读取该电容的电容量，利用万用表测量电容，并填写表 2-2。

表 2-2　发放的电容的读数

序　　号	电容的类型	标 称 方 法	标　称　值	含　　义	测　量　值
例	铝电解电容	直标法	220μF 50V	电容量为 220μF 额定电压为 50V	

续表

序　　号	电容的类型	标称方法	标　称　值	含　　义	测　量　值
1					
2					
3					

【课后练习题】

一、选择题

1．电容用英文符号（　　）表示。

A．A　　B．B　　C．C　　D．D

2．下面电容量单位换算错误的是（　　）。

A．$1F=10^6pF$　　B．$1F=10^{12}pF$　　C．$1F=10^6\mu F$　　D．$1\mu F=10^6pF$

3．如下图所示，该电容为常见的（　　）。

A．陶瓷电容　　B．电解电容　　C．钽电容　　D．涤纶电容

4．如下图所示，该电容为常见的（　　）。

A．陶瓷电容　　B．电解电容　　C．钽电容　　D．涤纶电容

5. 电解电容是（　　）电容，可以通过其引脚的长短来判断它的极性，引脚长的为（　　）。

A．有极性，负极　　B．有极性，正极　　C．无极性，正极　　D．无极性，负极

6．用直标法标注的电容量，有时电容上不标注单位，其识读方法为：凡是电容量>1的无极性电容，其电容量单位为（　　）。凡是电容量<1的电容，其电容量单位为（　　）。

A．μF，pF　　B．pF，μF　　C．μF，μF　　D．pF，pF

7. 用直标法标注的电容量，有时电容上不标注单位，其识读方法为：凡是有极性电容，其电容量单位是（　　）。

A．F　　B．mF　　C．μF　　D．pF

二、填空题

数字标志法用3位数字表示电容的电容量大小。其中，第1位、第2位是有效数字，

第 3 位表示有效数字后面 0 的个数，单位为________。比如 223，其电容量表示为____________，104 的电容量表示为_____________。

三、画图题

画出几种电容的电路符号。

任务二 认识电源

电源是将其他形式的能转换成电能的装置。电源自“磁生电”原理，由水力、风力、海潮、水坝水压差、太阳能等可再生能源，及烧煤炭、油渣等产生电力来源。在物联网的各种设备中，常用的电源有家用的 220V 交流电源和各种电池提供的直流电源。

一、交流电

交流电（Alternating Current，AC）是指电流方向随时间周期性变化的电流，在一个周期内的平均电流为零。

图 2-9 所示为我们国家居民用交流电（市电）波形图。

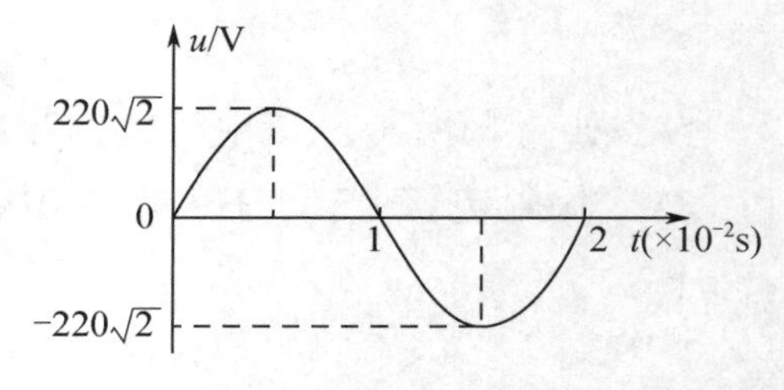

图 2-9　市电波形图

1．频率

交流电的频率是指交流电在单位时间内周期性变化的次数，它与周期呈倒数关系，其单位是赫兹（Hz）。日常生活中常用的交流电（市电）的频率一般为 50Hz 或 60Hz。

2．峰值和有效值

正/余弦交流电的峰值与振幅相对应，而有效值大小则由相同时间内产生相当焦耳热的直流电的大小来等效。交流电峰值与均方根值（有效值）的关系为$U_{peak}=\sqrt{2}U_{rms}$。市电 220V 表示均方根值，其峰值为 311V。

二、直流电

直流电（Direct Current，DC）是指电荷的单向流动或移动形成的电流。直流电分为恒定电流和脉动电流。大小和方向都不随时间变化的电流，称为恒定电流；方向不变，但大小随时间变化的电流，称为脉动电流。

在大多数国家，供电部门的供电电流一般都是交流电。交流电可以通过转换器、整流器及过滤器被转换为直流电，形成电子电路中常用的直流电源。

1．电源适配器

电源适配器（Power Adapter），又称外置电源，是小型便携式电子设备及电子电器的供电电压变换设备，常用于手机、液晶显示器和笔记本电脑等小型电子产品，广泛配套于安防摄像头、机顶盒、路由器、灯条等设备中。常见的电源适配器如图 2-10 所示。

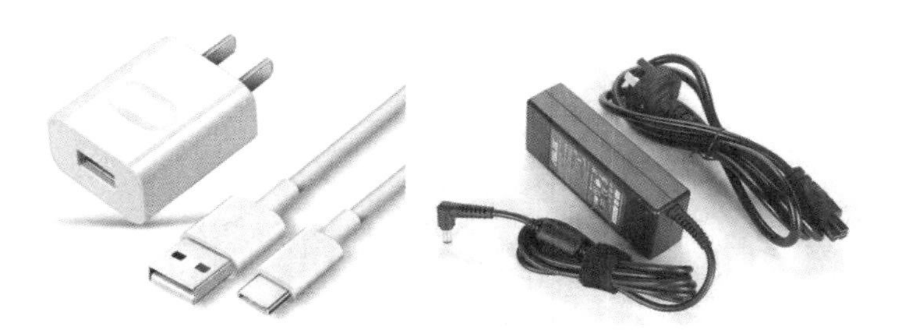

图 2-10　常见的电源适配器

2．DC 头

电源适配器 DC 插头（简称“DC 头”）是电源适配器连接设备的一个连接器。图 2-11 所示为常见的电源适配器 DC 头。

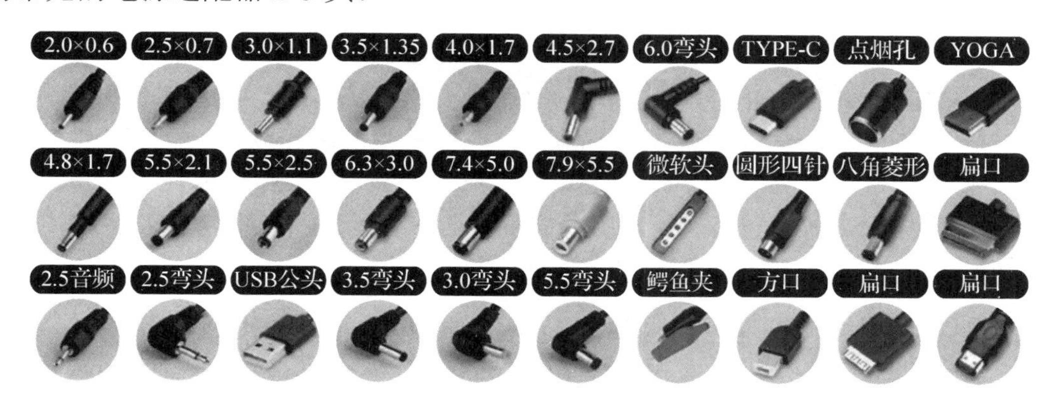

图 2-11　常见的电源适配器 DC 头

三、电池

除电源适配器可以提供物联网设备电源外，很多物联网设备采用电池供电。电池是盛有电解质溶液和金属电极以产生电流的杯、槽或其他容器或复合容器的部分空间，是能将化学能转化成电能的装置。

1. 常见的干电池

我们常用的普通碱性电池为圆柱形结构，俗称干电池。常见的干电池如图 2-12 所示。

1 号电池：D 型电池，与 5 号电池一样用得最多，电子打火设备、手电筒、燃气灶、热水器等都可以使用；该电池的标准电压为 1.5V。

2 号电池：C 型电池，个头比 1 号电池小一点，多用于手电筒、影音设备；该电池的标准电压为 1.5V。

5 号电池：AA 电池，电容量和体积比 7 号电池稍大一点，用途差不多，一般适用于手电筒、电动玩具等；该电池的标准电压为 1.5V。

7 号电池：AAA 电池，常用于体积较小、耗电量不太高的电子产品，如小型遥控器、电动小玩具等；该电池的标准电压为 1.5V。

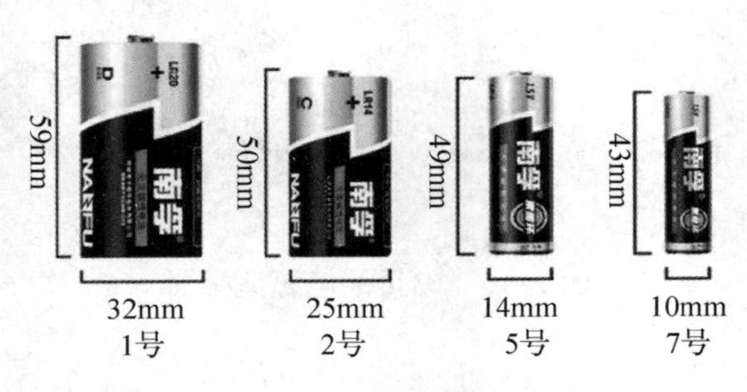

图 2-12　常见的干电池

2. 纽扣电池

如图 2-13 所示，纽扣电池外形类似一颗小纽扣，一般用于各种微型电子产品，如电子表、计算器、电子词典等；生活中常见的纽扣电池为 1.5V、3V，也有少见的情况为 5V，如电子表、石英表都用的是 1.5V 纽扣电池，而计算机用的 CR2032、CR2025 等纽扣电池都是 3.0V 的。

3. 积层电池

积层电池（见图 2-14）是因其内部构造为 6 枚微型片状电池堆叠而得名的，因其标称电压为 9V，又称 9V 电池。该电池的主要优点是能以紧凑的结构为设备提供较高的工作电压。积层电池主要应用于对讲机、遥控玩具、烟雾报警器、万用表等设备。

4. 蓄电池

蓄电池是所有在电量用到一定程度之后可以被再次充电、反复使用的化学能电池的总称。一般的铅酸蓄电池（见图 2-15）是由正负极板、隔板、壳体、电解液和接线桩头等组成的，其放电的化学反应是依靠正极板活性物质（二氧化铅和铅）和负极板活性物质（海绵状纯铅）在电解液（稀硫酸溶液）的作用下进行的。将多个电池块串联而形成多种电压的蓄电池，可以满足电子产品的多种需要。

图 2-13　常见的纽扣电池

图 2-14　积层电池（9V 电池）

蓄电池在现在很多设备中采用，主要应用于船舶设备、医疗设备、警报系统、电动工具、紧急照明系统、备用电力电源、大型 UPS 和计算机备用电源、峰值负载补偿储能装置、电力系统、电信设备、控制系统、核电站、发电站、消防和安全防卫系统、太阳能、风电站等领域。

5．锂离子电池

锂离子电池是目前应用最为广泛的锂电池，它主要依靠锂离子在正极和负极之间移动来工作。在充/放电过程中，锂离子在两个电极之间往返嵌入和脱嵌：充电时，锂离子从正极脱嵌，经过电解质嵌入负极，负极处于富锂状态；放电时则相反。

可充电锂离子电池是电动汽车、手机、笔记本电脑、充电宝等数码产品中应用最广泛的电池，但它较为“娇气”，在使用中不可过充、过放（会损坏电池或使其报废）。因此，在电池上安装保护元器件或保护电路以防止昂贵的电池损坏。

锂离子电池根据不同的电子产品的要求可以做成扁平长方形、圆柱形、长方形等，并且根据电压和电流的大小将多个电池串/并联形成电池组。锂离子电池的额定电压因为材料的变化而不同。一般来说，单体三元锂电池（以 18650 锂电池为例）的标称电压为 3.7V，而磷酸铁锂电池（以下简称“磷铁电池”）的标称电压则为 3.2V。单体三元锂电池充满电时的终止充电电压一般为 4.2V，而磷铁电池则一般为 3.65V。锂离子电池的终止放电电压为 2.75～3.0V（电池厂给出工作电压范围或给出终止放电电压范围，各参数略有不同，一般为 3.0V，磷铁电池为 2.5V）。低于 2.5V（磷铁电池为 2.0V）继续放电称为过放，过放对电池会有损害。

图 2-16 所示为 18650 锂电池，它是一种标准性的锂离子电池型号，其中 18 表示直径为 18mm，65 表示长度为 65mm，0 表示为圆柱形电池。

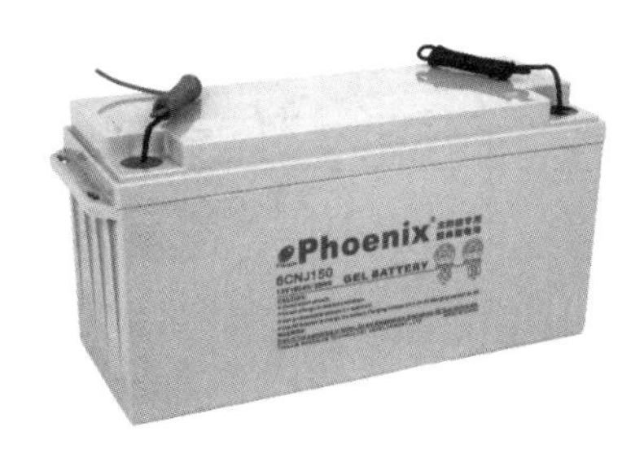

图 2-15　铅酸蓄电池

图 2-16　18650 锂电池

四、电路中电源的表示方法

电源是电路的重要组成部分，在单线表示时，直流符号为“-”，交流符号为“～”；在多线表示时，直流正、负极分别采用符号“+”“-”。电源通常布置在电路的一侧或上边或下边。多相电源电路要按照相序从上到下或从左到右排列；中性线在相线的下边或左边。

（1）常用以下两种符号表示电路中的电池，如图 2-17 所示。

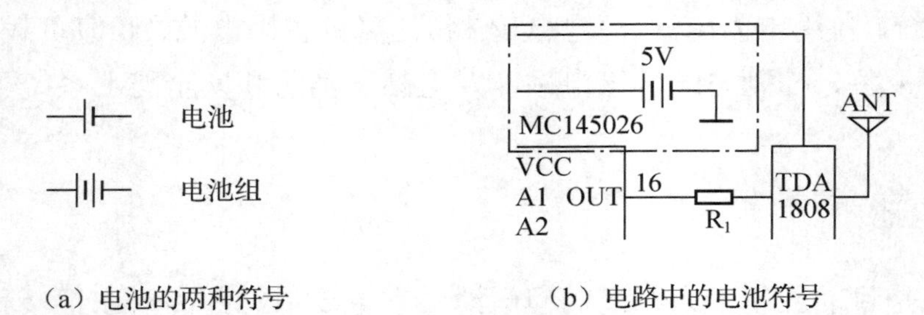

（a）电池的两种符号　　（b）电路中的电池符号

图 2-17　电池的电路符号

（2）对于直流电源，用 *V*+或+*E* 或 VCC 或 VDD 表示接电源的正极，*V*-或 VEE 或 VSS 表示接电源的负极，通常用 GND 或⏚表示接地，也常用电压值表示电源，如图 2-18 所示。

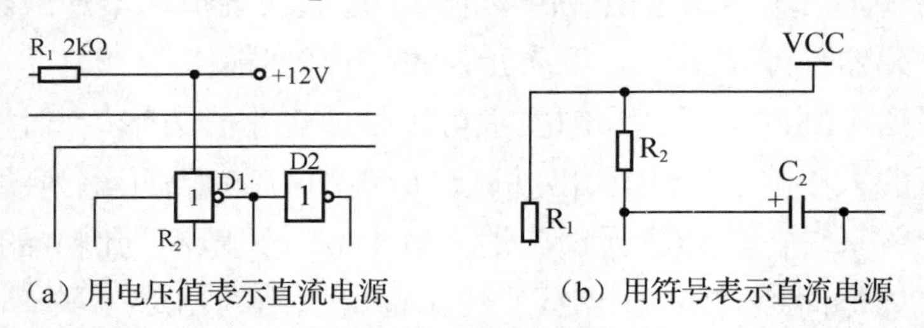

（a）用电压值表示直流电源　　（b）用符号表示直流电源

图 2-18　电路图中直流电源的表示方式

（3）对于交流电源，一般用 L 表示相线，用 N 表示中性线。假如为三相交流电，那么分别用“L_1”“L_2”“L_3”表示 3 根相线，如图 2-19 所示。

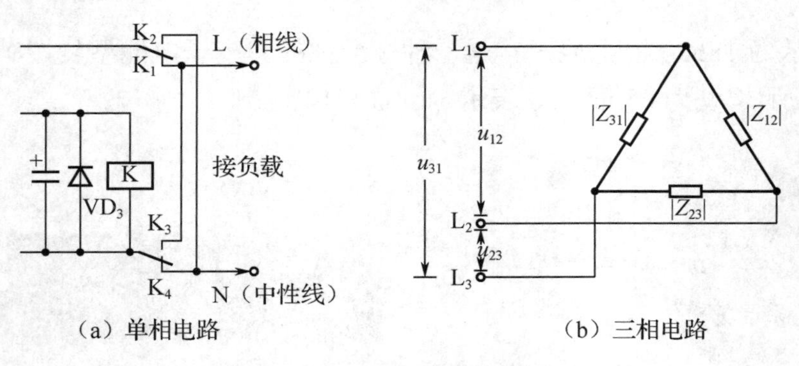

（a）单相电路　　（b）三相电路

图 2-19　电路图中交流电源的表示方式

【实训任务】

1. 测量电压

请利用数字万用表测量实验室各电源接口的输出电压，并填写表 2-3。

表 2-3　实验台面板电源输出测量

序　　号	位　　置	标　称　值	万用表挡位	测　量　值
例	实验室 5VDC	5V	直流电压 20V	5V
1				
2				
3				
4				
5				

2. 测量电池的电压

利用万用表测量老师发放的 3 个电池的电压，并填写表 2-4。

表 2-4　电池电压测量

序　　号	电 池 型 号	标 准 电 压	测 量 结 果	电 量 情 况
1				
2				
3				

注： 以 1.5V 的干电池为例，若万用表的测量数据大于或等于 1.5V，则表示该电池电量充足；若万用表的测量数据为 1.2～1.5V，则表示电池还有一点电；若万用表的测量数据在 1.2V 以下，则表示该电池已经基本没有电了，需要投入废电池专用的处理地方，千万不能随意丢弃，否则会对环境造成严重的污染。

【课后练习题】

一、选择题

1.（　　）是所有在电量用到一定程度之后可以被再次充电、反复使用的化学能电池的总称。

A. 干电池　　B. 蓄电池　　C. 锂电池　　D. 铅酸电池

2. 恒定电流是直流电的一种，是（　　）不变的直流电。

A. 大小　B. 方向　C. 大小和方向　D. 以上都不对

3. 以下不能直接供应直流电源的有（　　）。

A. 电源适配器　B. 干电池　C. 蓄电池　D. 市电

4. 锂离子电池是一种（　　），它主要依靠锂离子在正极和负极之间移动来工作。

A. 一次电池　B. 二次电池　C. 铅酸电池　D. 干电池

5. 交流电用英文符号（　　）表示，直流电用英文符号（　　）表示。

A. AC，BC　B. AC，CC　C. AC，DC　D. AC，EC

二、填空题

1. 我们国家居民用交流电（市电）的频率为__________，电压峰值为___________，我们常说的220V是__________________。

2. ____________________又称外置电源，是小型便携式电子设备及电子电器的供电电压变换设备。

3. 常见的5号电池、7号电池的标准电压是_____________。

4. 锂离子电池的额定电压因为材料的变化而不同。一般来说，单体三元锂电池的标称电压为_________，而磷酸铁锂电池的标称电压的则为_________。

5. 积层电池是因其内部构造为6枚微型片状电池堆叠而得名的，因其标称电压为9V，又称_______________。

三、画图题

1. 画出电池的两种电路符号。

2. 画出直流电源、接地的电路符号。

3. 画出交流三相负载电路。

任务三 用面包板搭接小电路

一、认识面包板

面包板是一种非常实用的实验用电路板，它不需要进行元器件的焊接，只需要直接将元器件插入小孔内进行搭接就可以完成电路的连接，使用非常方便、快捷，所以非常适合电子电路的组装、调试和训练。

1. 面包板的结构

面包板的结构如图 2-20 所示，常见的最小单元面包板分上、中、下 3 部分，上面和下面部分一般是由 1 行或 2 行的插孔构成的窄条，中间部分是由中间 1 条隔离凹槽和上下各 5 行的插孔构成的宽条。

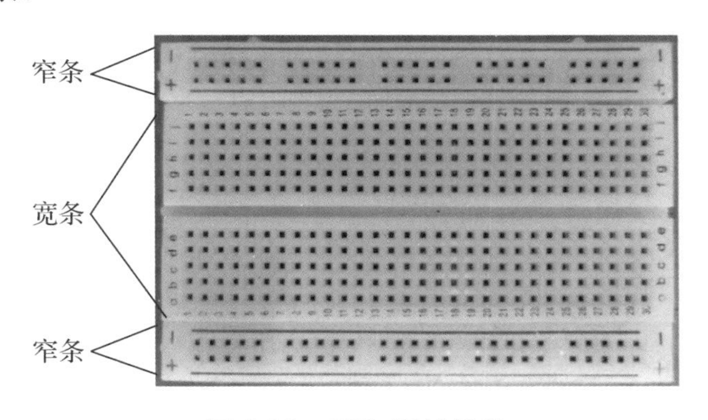

图 2-20 面包板的结构

2. 窄条的电气特性

窄条上、下两行之间电气不连通。每 5 个插孔为一组（通常称为“孤岛”），如图 2-20 所示的面包板上共有 5 组。窄条一般接电源的正负极，用红蓝线条表示窄条上横向 25 个孔全部相连，红色和“+”表示此处接电源正极，蓝色和“-”表示此处接电源负极。

3. 宽条的电气特性

中间部分的宽条是由中间 1 条隔离凹槽和上下各 5 行的插孔构成的。同一列中的 5 个插孔是连通的，列和列之间，以及凹槽的上、下部分则是不连通的。面包板宽条的电气特性如图 2-21 所示。

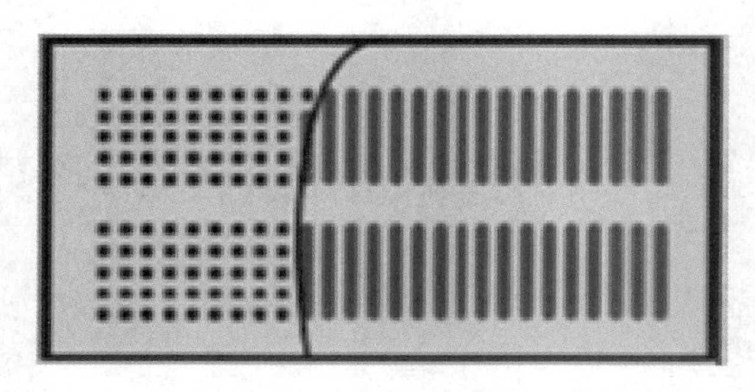

图 2-21　面包板宽条的电气特性

二、面包板使用注意事项

（1）用面包板搭接电路时，选用的搭接导线铜芯直径以 0.4～0.6mm 为宜。

（2）元器件引脚或导线头要沿面包板的板面垂直方向插入方孔，应能感觉到有轻微、均匀的摩擦阻力；在面包板倒置时，元器件和导线应能被簧片夹住而不脱落。

（3）在做实验时，上面的窄条取一行作为电源，下面的窄条取一行接地，在宽条部分搭接电路的主体部分。

（4）注意面包板宽条的上、下两部分并不相连，中间隔着凹槽。因此在用到集成电路的搭接电路中，一般将集成电路跨接在凹槽上，并注意集成电路的电源正极靠上，接地靠下（与窄条电源的方向一致）。

（5）要保持面包板清洁，焊接过的元器件不要插在面包板上。

面包板实用案例如图 2-22 所示。

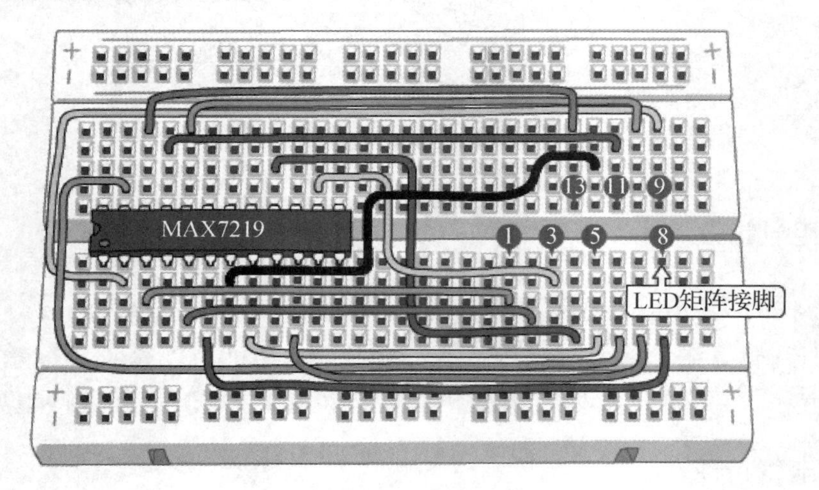

图 2-22　面包板实用案例

用面包板搭接电路简单易行，节省时间和材料。但是缺点在于，用面包板只能搭接一些比较简单的电路，而且是对电气连接要求不高的电路。如果电路太复杂，面包板上全是各种导线，会出现某些导线或元器件松动的情况，不容易查找和检修；遇到一些电路对电气连接要求比较高，如高频电路、高精度电路等，在确保正确的电气连接的前提下，还要考虑布线、阻抗匹配、屏蔽等，用面包板搭接电路的效果则不理想。

三、面包板搭接原则

在面包板上完成电路搭接时，不同的人有不同的习惯和方法。但是，无论采用什么方法和习惯完成电路搭接，都必须注意以下几个基本原则。

1．连接点越少越好

每增加一个连接点，实际上就人为地增加了故障概率，会出现面包板孔内不通、导线松动、导线内部断裂等常见故障。

2．尽量避免“立交桥”

所谓的“立交桥”，是指元器件或者导线骑跨在别的元器件或者导线上。初学者最容易犯这样的错误。这样做，一方面给后期更换元器件带来麻烦；另一方面在出现故障时，凌乱的导线很容易使人失去继续搭接电路的信心。

3．布局合理

布局紧凑，尽量和原理图布局近似，这样有助于查找故障点。

4．电源区使用尽量清晰

在搭接电路之前，首先将电源区划分成电源、地、负电源 3 个区域，并用不同颜色的导线区分连接。

5．方便测试

5 孔孤岛一般不要占满，至少留出 1 个孔用于测试。

6．尽量牢靠

在搭接时，有可能会出现以下两种现象，应注意避免。

（1）集成电路很容易松动，因此，对于运放等集成电路，需要用力下压，一旦不牢靠，需要更换位置。

（2）有些元器件的引脚太细，要注意轻轻拨动一下，如果发现不牢靠，需要更换位置。

四、面包板搭接过程

1．电路图

准备要搭接的电路图，根据电路图准备对应的面包板、电池、电子元器件和连接导线。

面包板展示电路图如图 2-23 所示。

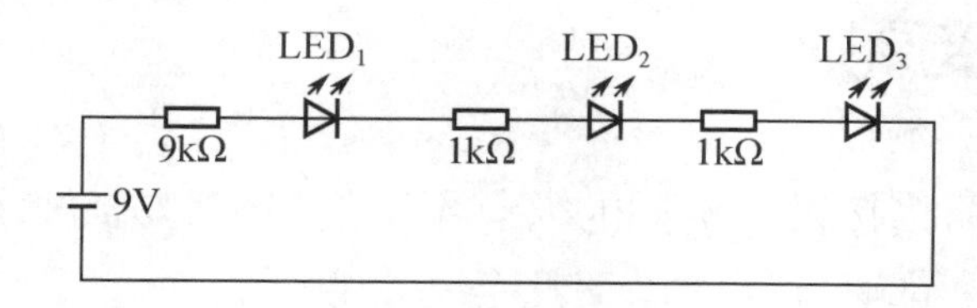

图 2-23　面包板展示电路图

2．按电路图接线

按电路图示意的接线方法，将电源正负极接入面包板的窄条区，将电子元器件按连接顺序合理规划放置在宽条区，尽量减少导线的使用。最后用导线完成整个电路的连接。面包板搭接电路如图 2-24 所示。

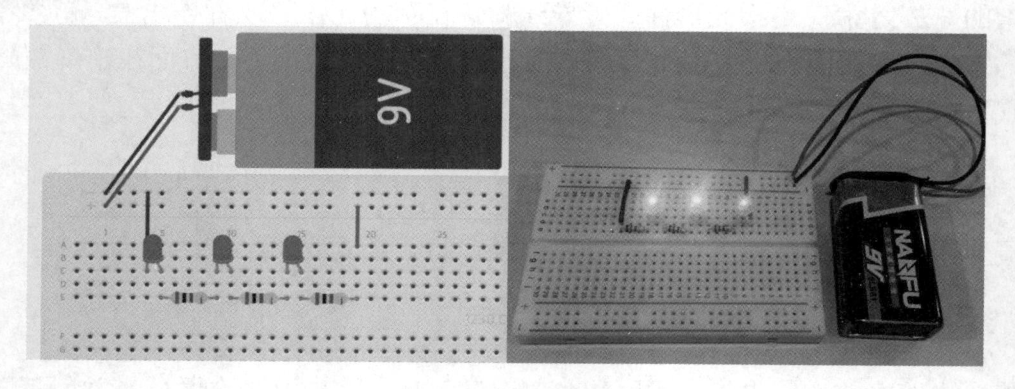

图 2-24　面包板搭接电路

【实训任务】

1．利用面包板搭接实训电路 1

（1）按照图 2-25 所示的电路，用老师发放的 4 个色环电阻在面包板上搭接电路。

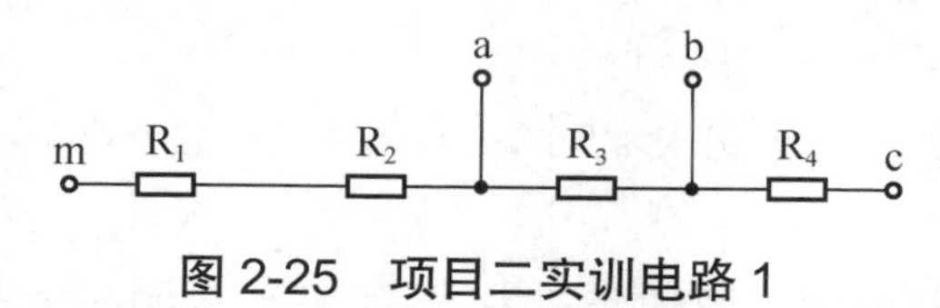

图 2-25　项目二实训电路 1

（2）将数字万用表的表笔一端放在 R_1 的左方 m 基点，分别测试 m 基点到 a、b、c 各测量点的阻值，并填写表 2-5。

表 2-5　电阻串联测试

R_1、R_2、R_3、R_4 阻值	a 点阻值	b 点阻值	c 点阻值

2. 利用面包板搭接实训电路 2

（1）按照图 2-26 所示的电路，用老师随机发放的 4 个色环电阻在面包板上搭接电路。

（2）将数字万用表的表笔一端放在 R_1 的左方 m 基点，分别测试 m 基点到 a、b、c 各测量点的阻值，并填写表 2-6。

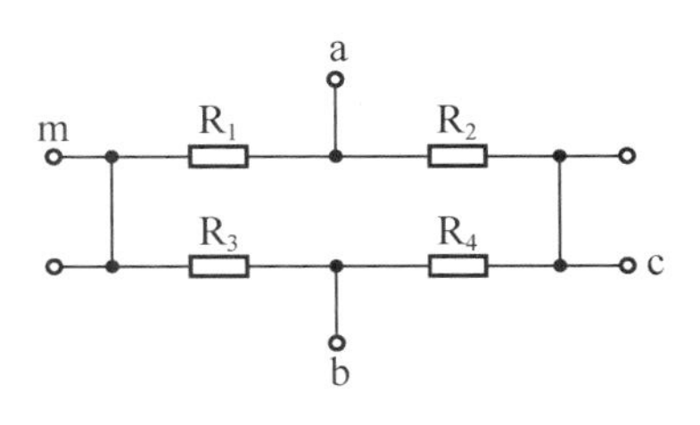

图 2-26 项目二实训电路 2

表 2-6 电阻并联测试

R_1、R_2、R_3、R_4 阻值	a 点阻值	b 点阻值	c 点阻值

3. 利用面包板搭接图 2-23 所示的电路

搭接图 2-23 所示的电路，连接电源后，保证二极管全亮。

注：二极管是有正负极之分的元件，需要在搭接过程中注意二极管的正负极。

【课后练习题】

一、选择题

1. 面包板是一种非常实用的实验用电路板，它（ ）进行元器件的焊接，（ ）直接将元器件插入小孔内进行搭接后就可以完成电路的连接。

A. 需要，需要 B. 需要，不需要 C. 不需要，需要 D. 不需要，不需要

2. 面包板中间部分的宽条是由中间 1 条隔离凹槽和上下各 5 行的插孔构成的。同一列中的 5 个插孔是（ ）的，列和列之间，以及凹槽的上、下部分则是（ ）的。

A. 连通，连通 B. 连通，不连通 C. 不连通，连通 D. 不连通，不连通

二、填空题

1. 面包板窄条一般接电源的正负极，上、下两行之间电气________________。
2. 面包板宽条中间隔着凹槽，分成上、下两部分，两部分电气______________。
3. 用面包板搭接电路时，选用的搭接导线铜芯直径以______________ mm 为宜。

三、问答题

1. 面包板搭接原则是什么？

2．总结搭接二极管时，二极管的方向特点。

任务四 认识电路

一、相关概念

1．电压

电压常用符号 U 表示，也被称作电势差或电位差，是衡量单位电荷在静电场中由于电势不同所产生的能量差的物理量。电压的国际单位制为伏特（V，简称“伏”），常用的单位还有毫伏（mV）、微伏（μV）、千伏（kV）等。

电压的单位换算关系是：$1kV=10^3V$；$1V=10^3mV=10^6\mu V$。

2．电流

单位时间内通过导体任一横截面的电量叫作电流强度，简称“电流”。电流常用符号 I 表示，电流的国际单位制为安培（A，简称“安”），常用的单位还有毫安（mA）、微安（μA）等。

电流的单位换算关系是：$1A=10^3mA=10^6\mu A$。

3．欧姆定律

在同一电路中，通过某一导体的电流与这段导体两端的电压成正比，与这段导体的电阻成反比，这就是欧姆定律。公式描述如下：

$$I=\frac{U}{R}$$

该公式中物理量的单位：I（电流）的单位是安培（A）、U（电压）的单位是伏特（V）、R（电阻）的单位是欧姆（Ω）。

4．功率

电流在单位时间内做的功叫作电功率，它是用来表示消耗电能快慢的物理量，用 P 表示，它的单位是瓦特（Watt），简称“瓦”，符号是 W。

$$P=U\cdot I$$

每个用电器都有一个使其长时间正常工作的最佳电压值，称之为额定电压。用电器在额定电压下正常工作的功率叫作额定功率，用电器在实际电压下工作的功率叫作实际功率。

二、串/并联电路

1. 串联电路

几个元器件沿着单一路径互相连接，每个节点最多只连接两个元器件，此种连接方式称为串联。以串联方式连接的电路称为串联电路。

如图 2-27 所示，电路中流过每个电阻（灯泡）的电流相等，因为直流电路中同一支路的各个截面有相同的电流强度。

图 2-28 所示的电路均是串联电路，串联电路中流过的电流处处相等。

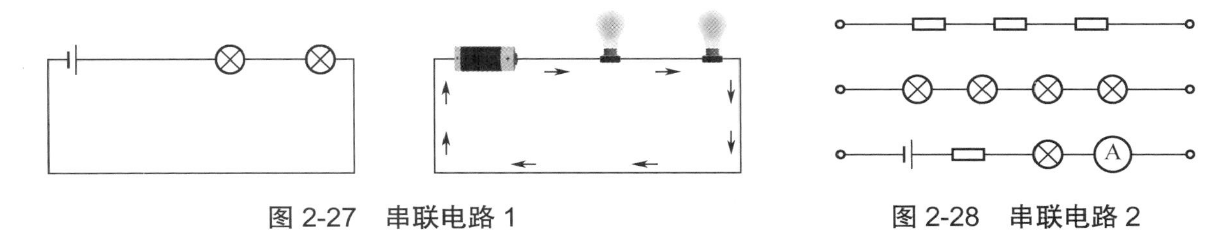

图 2-27 串联电路 1　　图 2-28 串联电路 2

注：串联电路的特点如下。

（1）流过每个元器件的电流相等，因为直流电路中同一支路的各个截面有相同的电流强度。

（2）总电压等于分电压（每个元器件两端的电压）之和，即 $U=U_1+U_2+\cdots U_n$。这可由电压的定义直接得出。

（3）总电阻等于分电阻之和。

有时为了获得高电压，会将电池串联起来，由此构成的电池组电压为各电池的电压之和。电池串联如图 2-29 所示。

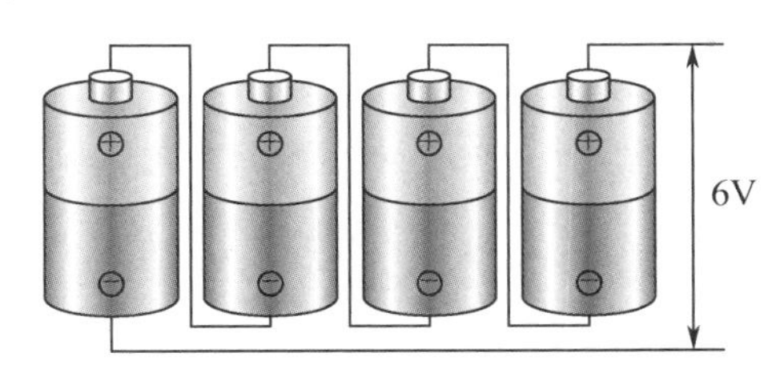

图 2-29 电池串联

2. 并联电路

并联是元器件之间的一种连接方式，其特点是将两个及以上的同类或不同类的元器件首首相接，同时尾尾相连。并联电路如图 2-30 所示。

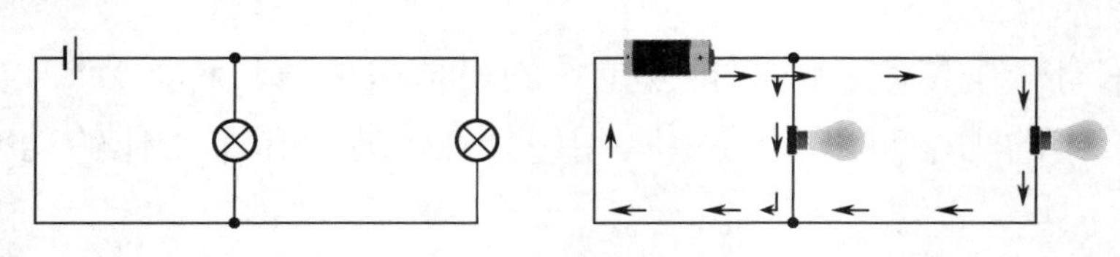

图 2-30　并联电路

注：并联电路的特点如下。

（1）总电流等于分电流之和，低阻电流>高阻电流。

（2）各并联元器件上的电压相等。

（3）总电阻 $1/R=1/R_1+1/R_2$，也就是说总电阻值小于最小的电阻值。

有时为了获得大电流，会将相同的电池并联起来，由此构成的电池组的电压仍然为单个电池的电压，但是提供电流的能力大大增强。电池并联如图 2-31 所示。

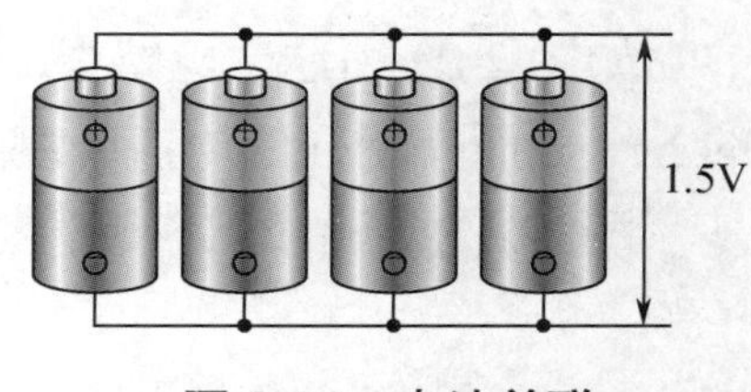

图 2-31　电池并联

3．识别串/并联电路的方法

（1）使用定义法识别串/并联电路。

若电路中的各元器件是逐个顺次连接的，则电路为串联电路；若各元器件“首首相接，尾尾相连”并列地连在电路两点之间，则电路为并联电路。

（2）使用电流流向法识别串/并联电路。

从电源的正极（或负极）出发，沿电流流向分析电流通过的路径。若只有一条路径通过所有的用电器，则电路是串联的；若电流在某处分支，又在另一处汇合，则分支处到汇合处之间的电路是并联的。

（3）使用节点法识别串/并联电路。

节点法：在识别电路的过程中，不论导线有多长，只要其间没有电源、用电器等，导线两端点均可以看成同一个点，从而找出各用电器两端的公共点，再依据串/关联电路的定义即可识别串/并联电路。

（4）使用拆除法识别串并联电路。

拆除法是识别较难电路的一种重要方法。原理：串联电路中，各用电器互相影响，拆除任何一个用电器，其他用电器中就没有电流了；而并联电路中，各用电器独立工作，互不影响，拆除任何一个或几个用电器，都不会影响其他用电器。

4．串/并联电路的相同点

（1）不论是串联电路还是并联电路，电路消耗的总电能都等于各用电器消耗的电能之和，即 $W=W_1+W_2$。

（2）不论是串联电路还是并联电路，电路的总电功率都等于各用电器消耗的电功率之和，即 $P=P_1+P_2$。

（3）不论是串联电路还是并联电路，电路产生的总电热都等于各用电器产生的电热之和，即 $Q=Q_1+Q_2$。

三、使用万用表测量电流和电压

1. 使用万用表测量电流和电压的注意事项

（1）在使用万用表的过程中，无论测量交流电压还是直流电压，都要注意人身安全，不能用手接触表笔的金属部分，这样一方面可以保证人身安全，另一方面也可以保证测量的准确性。

（2）在测量某一电量时，不能在测量的同时换挡，尤其是在测量高电压或大电流时，更应注意。否则，会使万用表毁坏。

如需换挡，应先断开表笔，换挡后再去测量。

2. 使用万用表测量电流和电压的方法与步骤

（1）确定测量的是交流电还是直流电。测量交流电时，将数字万用表切换到交流电压挡，将表笔接到被测电路的两端，万用表显示的就是被测电压。测量直流电时，将数字万用表切换到直流电压挡，将表笔接到被测电路的两端，万用表显示的就是被测电压。

（2）选择量程。以直流电压的测量为例，万用表直流电压挡标有“V”，有 2.5V、10V、50V、250V 和 500V 5 个量程，根据电路中电源电压大小选择量程。例如，电路中电源电压约为 3V，可以选用 10V 挡。如果不清楚电压大小，应先用最高电压挡测量，逐步换用低电压挡。

（3）测量方法。万用表应与被测电路并联，红表笔应接被测电路和电源正极相接处，黑笔表应接被测电路和电源负极相接处。

若电压是正的，则红表笔接的点是高电位点，黑表笔接的点是低电位点；若电压是负的，则红表笔接的点是低电位点，黑表笔接的点是高电位点。

【实训任务】

1. 分析电路

分析图 2-32 所示的电路，根据要求填写表 2-7。

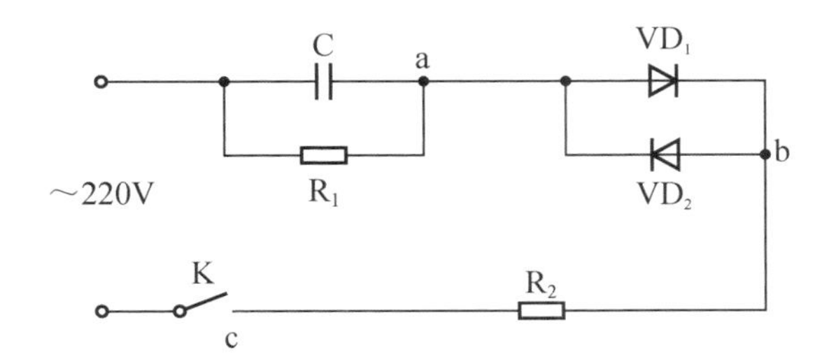

图 2-32 项目二实训电路 3

表 2-7　串/并联分析

并联关系	串联关系

2．利用面包板搭接电路

（1）按照图 2-33 所示的电路，利用老师发放的 5 个色环电阻在面包板上搭接电路。

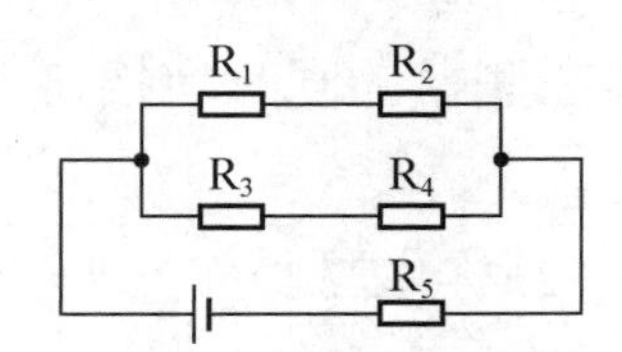

图 2-33　项目二实训电路 4

R_1、R_2、R_3、R_4、R_5 的阻值分别为 1kΩ、2kΩ、4kΩ、100kΩ、20kΩ。

（2）电源接 9V 电池，分别按表 2-8 的要求测量电阻两端的电压。

表 2-8　电阻串联的电压测试

R_1	R_2	R_3	R_4	R_5	R_1+R_2	R_3+R_4

【课后练习题】

一、选择题

1．电压常用符号（　　）表示，也被称作电势差或电位差，是衡量单位电荷在静电场中由于电势不同所产生的能量差的物理量。

A．U　　B．V　　C．I　　D．A

2．电流常用符号（　　）表示，单位时间内通过导体任一横截面的电量叫作电流强度。

A．U　　B．V　　C．I　　D．A

3．在同一电路中，通过某一导体的电流与这段导体两端的电压成正比，与这段导体的电阻成反比，这就是欧姆定律，用公式（　　）表示。

A．$R=U+I$　　B．$R=U-I$　　C．$R=UI$　　D．$I=U/R$

4．几个元器件沿着单一路径互相连接，每个节点最多只连接两个元器件，此种连接方式称为（　　）。

A．串联　　B．并联　　C．单联　　D．联通

5．将两个及以上的同类或不同类的元器件首首相接，同时尾尾相连，此种连接方式称为（　　）。

A．串联　　B．并联　　C．单联　　D．联通

二、填空题

1．串联电路的特点：流过每个串联电路元器件的电流__________________。并联电路的特点：总电流等于流经每一元器件的电流__________________。

2．串联电路的特点：总电压等于每个元器件上的分电压__________________。并联电路的特点：每个并联电路元器件的电压__________________。

3．4 个 5 号电池串联在一起的总电压是_________________，并联在一起的总电压是________________。

4．电流在单位时间内做的功叫作______________。它是用来表示消耗电能快慢的物理量，用 P 表示。

5．在并联电路中，总电阻值_________________最小的电阻值。（大于/小于/等于）

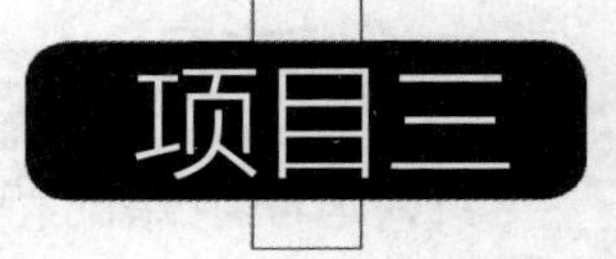

学习二极管

任务一　认识PN结

一、导体、半导体和绝缘体

1．导体

导体是指电阻率很小且易于传导电流的物质。导体中存在大量可自由移动的带电粒子，称为载流子。在外电场作用下，载流子做定向运动，形成明显的电流。

常见的导体有金属、石墨、盐水、潮湿的物体、大地。

金属导电性能由强到弱的排列顺序是：纯银>纯铜>黄金>铝>锌>镍>锂>铁>铅。

2．绝缘体

不善于传导电流的物质称为绝缘体，又称电介质。绝缘体的电阻率极大。

绝缘体的种类很多，固体绝缘体有塑料、橡胶、玻璃、陶瓷、干木头等；液体绝缘体有各种天然矿物油、硅油、三氯联苯等；气体绝缘体有空气、二氧化碳、六氟化硫等。

> 注：导体和绝缘体之间并没有绝对的界限，在一定条件下可相互转化。
> （1）玻璃常温下是绝缘体，但玻璃加热后，处于高温状态下会变为导体。
> （2）干木头是绝缘体，湿木头是导体。
> （3）空气是绝缘体，在高压的情况下也会导电，如雷电。

3．半导体

半导体是指常温下导电性能介于导体与绝缘体之间的材料。

常见的半导体材料有硅、锗、砷化镓、碳化硅等，其中硅是各种半导体材料应用中最具有影响力的一种。

半导体在集成电路、消费电子、通信系统、光伏发电、照明、大功率电源转换等领域都有应用。大部分的电子产品，如计算机、移动电话或是数字录音机中的核心单元都和半导体有着极为密切的关联。

黏土和砂子是天然硅酸盐岩石风化后的产物，石英、水晶等是纯硅石（二氧化硅）的变体，如图 3-1 所示。

图 3-1　硅在自然界中的存在形式：砂子、水晶

二、杂质半导体

在本征半导体（本征半导体是纯净的晶体结构完整的半导体）中掺入某些微量元素作为杂质，可使半导体的导电性发生显著变化。按掺入杂质的不同，杂质半导体可分为 N 型半导体和 P 型半导体，如图 3-2 所示。

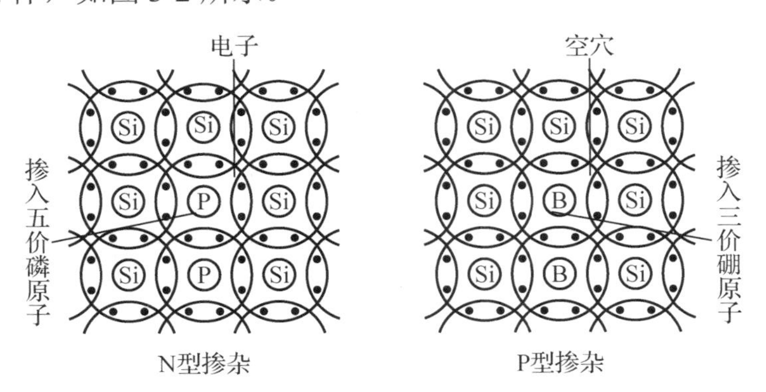

图 3-2　N 型半导体和 P 型半导体

1. P 型半导体

P 型半导体（P 为“Positive”的首字母，由于“空穴”带正电而得此名）：硅晶体（或锗晶体）中掺入了少量杂质硼元素。由于半导体原子（如硅原子）被杂质硼原子取代，硼原子的 3 个外层电子与周围的半导体原子形成共价键时，会产生一个“空穴”，这个空穴会吸引束缚电子来“填充”，使得硼原子成为带负电的离子。这样，这类半导体由于含有较高浓度的空穴（“相当于”正电荷），成为能够导电的物质。

2. N 型半导体

N 型半导体（N 为"Negative"的首字母，由于电子带负电而得此名）：掺入少量杂质磷元素的硅晶体（或锗晶体）。由于半导体原子（如硅原子）被杂质磷原子取代，磷原子的 5 个外层电子的其中 4 个与周围的半导体原子形成共价键，多出的 1 个电子几乎不受束缚，较为容易地成为自由电子。于是，N 型半导体就成为含电子浓度较高的半导体，其导电性主要是因为自由电子导电。

三、PN 结

如果把一块本征半导体（通常是硅或锗）基片上的两边掺入不同的元素，使一边为 P 型，另一边为 N 型，则在两部分的交界面就形成空间电荷区，这个特殊的薄层，称为 PN 结，如图 3-3 所示。

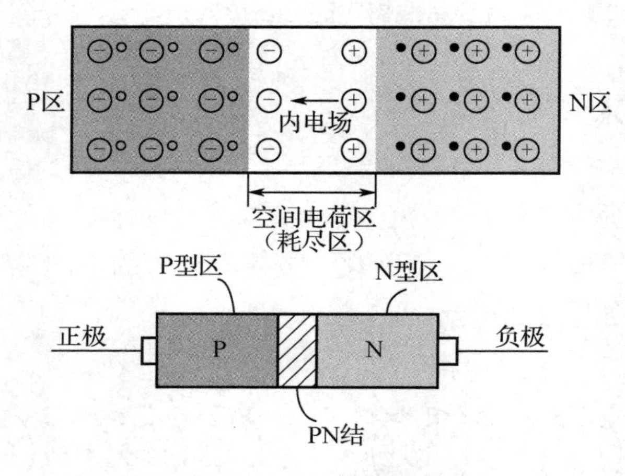

图 3-3　PN 结的结构

PN 结是构成二极管、三极管、可控硅、双极型晶体管和场效应晶体管的核心，是现代电子技术的基础。

四、PN 结特性

1. PN 结的伏安特性

PN 结的伏安特性曲线是指加在 PN 结两端的电压和流过二极管的电流之间的关系曲线，如图 3-4 所示。

正向特性：$u>0$ 的部分称为正向特性。

反向特性：$u<0$ 的部分称为反向特性。

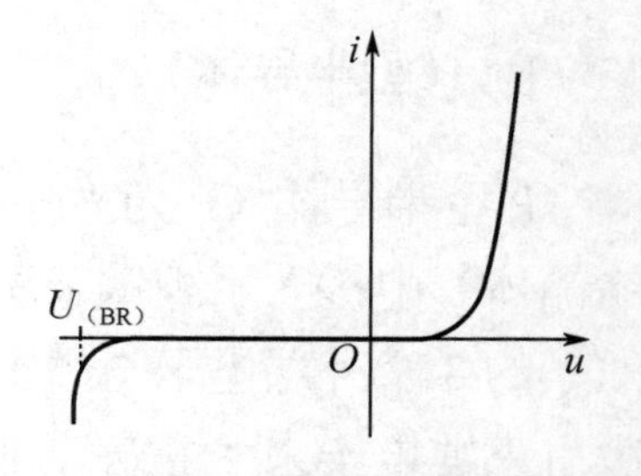

图 3-4　PN 结的伏安特性曲线

反向击穿：当反向电压超过一定数值后，反向电流急剧增加，称为反向击穿。

2．单向导电性

PN 结特性：正向导通，反向截止。

正向导通：如图 3-5 所示，PN 结加正向电压，即电源的正极接 P 区，负极接 N 区，外加的正向电压有一部分降落在 PN 结区，PN 结处于正向偏置。当 PN 结的正向电压达到一定值时（硅管为 0.7V，锗管为 0.3V 左右），PN 结呈低阻性。

反向截止：如图 3-6 所示，PN 结加反向电压，即电源的正极接 N 区，负极接 P 区，耗尽层变宽，阻止扩散运动，有利于漂移运动，形成漂移电流。由于电流很小，故可近似认为其截止。

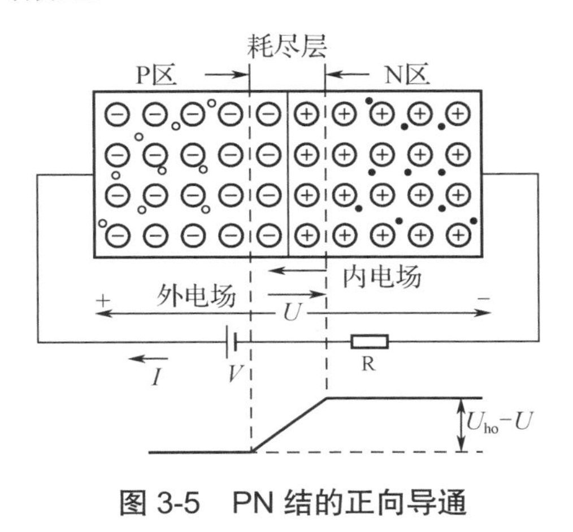

图 3-5　PN 结的正向导通

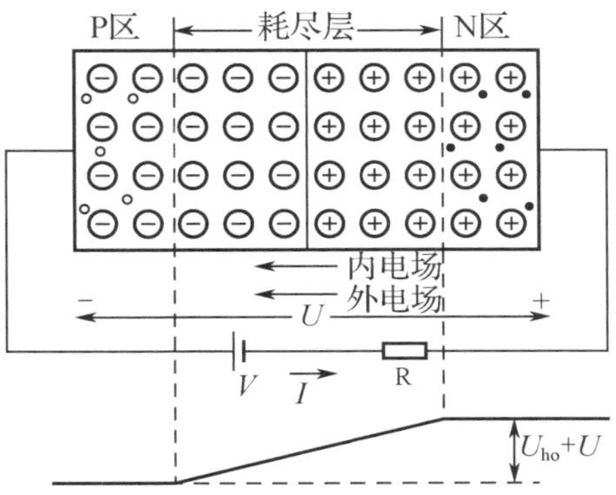

图 3-6　PN 结的反向截止

利用 PN 结的单向导电性（通常称为“整流”功能），科学家发明制造了整流二极管。

3．反向击穿特性

当加在 PN 结上的反向电压增加到一定数值时，反向电流突然急剧增大，PN 结产生电击穿，这就是 PN 结的击穿特性。

发生击穿时的反向电压称为 PN 结的反向击穿电压 $U_{(BR)}$，如图 3-4 所示。

PN 结的电击穿是可逆击穿，及时把偏压调低，PN 结即可恢复原来特性。电击穿特点可加以利用，利用这一特性，可以制作稳压二极管（俗称“稳压管”）。但是，普通二极管一旦被击穿，会立即引来极大的电流，从而产生高温，导致二极管被烧毁，二极管失去单向导通的功能，这是 PN 结的热击穿，热击穿是不可逆击穿。

【实训任务】

利用老师发放的 2 个电阻、1 个小灯泡和 1 个二极管（R_1 为 300Ω，R_2 为 400Ω，电源接 9V 电池）在面包板上搭接图 3-7 所示的电路。

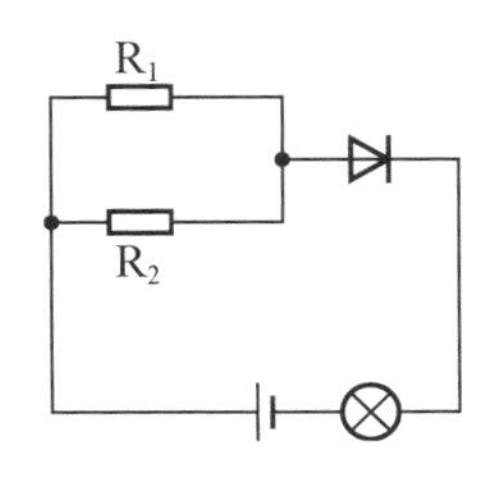

图 3-7　搭接练习图

1．实训一

利用万用表的电压挡测量各元器件两端的电压，并将结果填入表 3-1 中。

表 3-1　电路各元器件的电压 1

电 源 电 压	小灯泡是否发亮	电阻 R_1 电压	电阻 R_2 电压	二极管电压

2．实训二

调转二极管连接的方向，再测量各元器件两端的电压，并将结果填入表 3-2 中。

表 3-2　电路各元器件的电压 2

电 源 电 压	小灯泡是否发亮	电阻 R_1 电压	电阻 R_2 电压	二极管电压

想一想：二极管和电阻不一样，它是有方向的，如何区分正向和反向？

【课后练习题】

一、选择题

1．导体是指电阻率很小且易于传导电流的物质。导体中存在大量可自由移动的带电粒子，称为载流子。在外电场作用下，载流子做定向运动，形成明显的电流。下面不属于导体的是（　　）。

A．金属　　B．盐水　　C．潮湿的物体　　D．干木头

2．导体和绝缘体之间并没有绝对的界限，在一定条件下可相互转化。下面说法错误的是（　　）。

A．玻璃常温下是绝缘体，但玻璃加热后，处于高温状态下会变为导体

B．干木头是绝缘体，湿木头是导体

C．金属铁在零下 50℃会变成绝缘体

D．空气是绝缘体，在高压的情况下也会导电，如雷电

3．如果电源的（　　）接 P 区，（　　）接 N 区，PN 结加反向电压，耗尽层变宽，阻止扩散运动，有利于漂移运动，形成漂移电流。由于电流很小，故可近似认为其截止。

A．正极，负极　　B．负极，正极　　C．阳极，阴极　　D．阴极，阳极

二、填空题

1．PN 结特性：正向＿＿＿＿＿＿＿＿，反向＿＿＿＿＿＿＿＿。

2．PN 结是构成________、________、________、双极型晶体管和________的核心，是现代电子技术的基础。

3．当加在 PN 结上的反向电压增加到一定数值时，反向电流突然急剧增大，PN 结产生电击穿，这就是 PN 结的________特性。

4．如果电源的________接 P 区，________接 N 区，外加的正向电压有一部分降落在 PN 结区，PN 结处于正向偏置。

5．当 PN 结的正向电压达到一定值时（硅管为________ V，锗管为________ V 左右），PN 结呈低阻性。

任务二 认识二极管

一、二极管的概念

将一个 PN 结加上两条电极引线做成管芯，并且用塑料、玻璃或金属等材料作为管壳封装起来，做成的电子元件叫作二极管。二极管有两个电极，由 P 区引出的电极是正极，又叫作阳极；由 N 区引出的电极是负极，又叫作阴极。部分二极管的外形如图 3-8 所示。

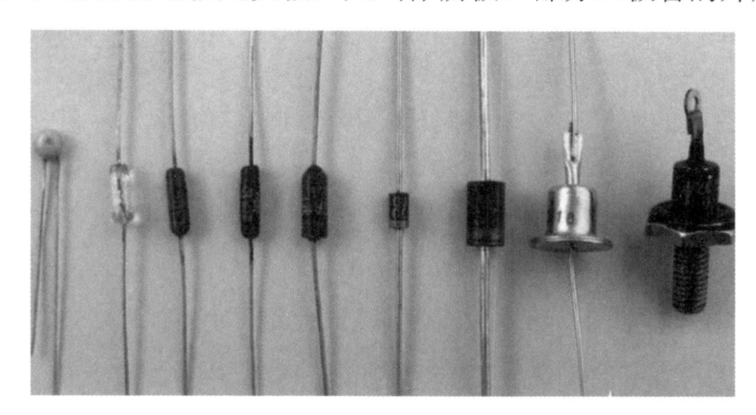

图 3-8 部分二极管的外形

1．二极管的结构

二极管按结构分，有点接触型二极管、面接触型二极管和平面型二极管三大类，它们的结构如图 3-9 所示。

（1）点接触型二极管：PN 结面积小，结电容小，用于检波和变频等高频电路中。

（2）面接触型二极管：PN 结面积大，用于工频大电流整流电路中。

（3）平面型二极管：往往用于集成电路制造工艺中。PN 结面积可大可小，用于高频整流和开关电路中。

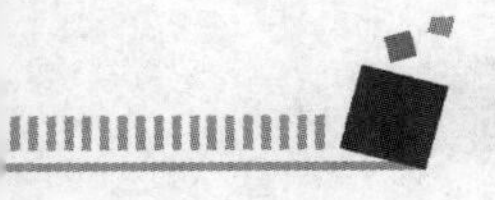

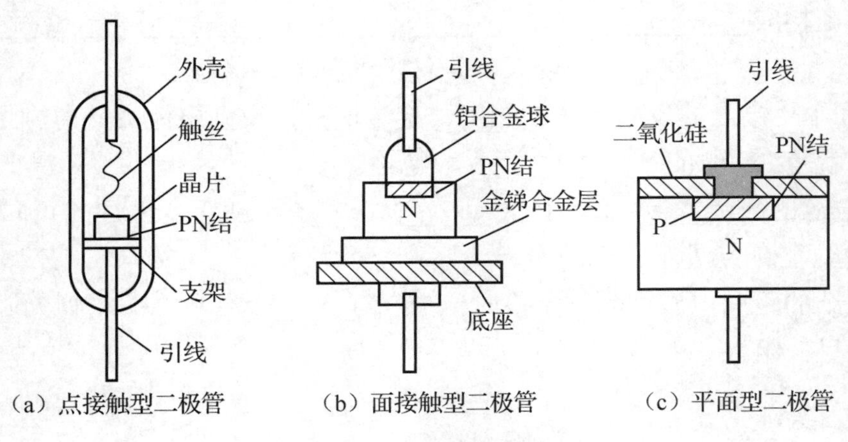

（a）点接触型二极管　（b）面接触型二极管　（c）平面型二极管

图 3-9　二极管的结构

2．二极管的表示

箭头的一端代表正极，另一端代表负极。电路符号形象地表示了二极管工作电流的方向，箭头所指的方向是正向电流流通的方向，通常用英文符号 VD 代表二极管，如图 3-10 所示。

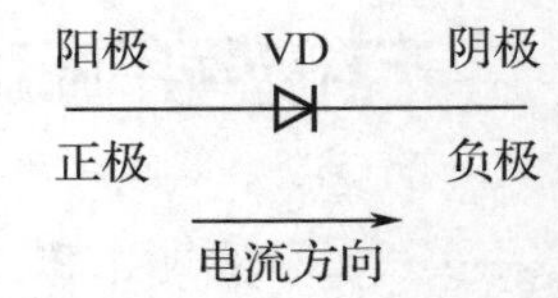

图 3-10　普通二极管的电路符号

二、二极管的伏安特性

二极管按制造材料的不同，可以分为硅二极管、锗二极管等。硅二极管、锗二极管的伏安特性如图 3-11 所示。

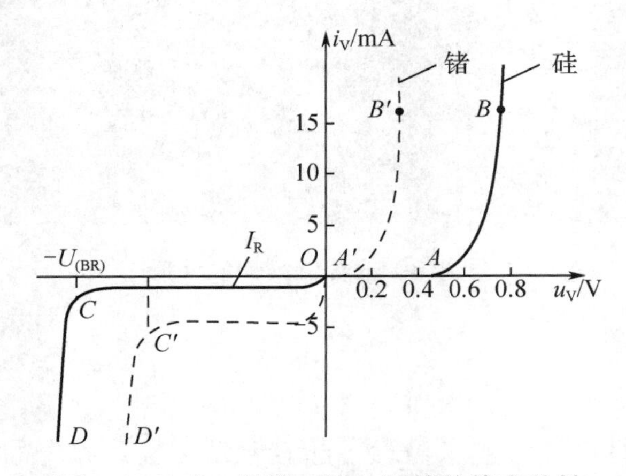

图 3-11　硅二极管、锗二极管的伏安特性

锗二极管是采用锗为半导体制作材料的二极管，它的正向导通压降为 0.2～0.3V，一般取 0.2V，死区电压约为 0.1V。当锗二极管接反向电压时，反向电流较小，为 mA 级。

硅二极管是采用硅为半导体制作材料的二极管，它的正向导通压降为 0.6～0.7V，一般取 0.7V，死区电压约为 0.5V。

当硅二极管接反向电压时，反向电流非常小，为nA级，与锗二极管相比更具优越性。

锗二极管和硅二极管的主要区别：正向连接时，硅二极管的导通电压大，锗二极管的导通电压小；反向连接时，硅二极管的反向饱和电流比锗二极管小。反应在电阻上的表现为：硅二极管的正反向电阻都比锗二极管大。据此原则便可通过测量正反向电阻来判断该二极管是硅二极管还是锗二极管。

注：用万用表测试二极管是硅二极管还是锗二极管的办法是：将万用表拨到二极管挡。例如：测量好的硅二极管1N4007，在正向偏压的情况下，显示数值为500～700Ω；测量好的锗二极管2AP9J，在正向偏压的情况下，显示数值较小，为200～300Ω。

三、二极管的测量

根据二极管PN结的正向导通特性，可以用万用表来判断普通整流二极管和发光二极管的正、负极性。

（1）确定数字万用表的红表笔接入电阻、二极管等接口，黑表笔接入公共端（COM）接口，此时红表笔为表内电源正极，黑表笔为表内电源负极。

（2）将数字万用表的挡位旋钮置于二极管（蜂鸣）挡。

（3）按下数字万用表显示屏下的切换键，屏幕显示二极管符号时，表示选择了测量二极管挡。

（4）进行测量，如红表笔接二极管正极，黑表笔接二极管负极，屏幕显示二极管的正向压降。反之，反接时没有读数，表示反向截止。若两次测量都没有读数，则表示此二极管已经损坏。

【实训任务】

测量并观察老师发放的3个不同的二极管的外观特征，填写表3-3。

表3-3　二极管观察

序　　号	正 极 特 征	负 极 特 征	质 量 好 坏
1			
2			
3			

【课后练习题】

一、选择题

1．二极管用英文符号（　　）表示。

A．VB　　B．VC　　C．VD　　D．VT

2．二极管有两个电极，由 P 区引出的电极是（　　）；由 N 区引出的电极是（　　）。

A．正极，负极　　B．负极，正极　　C．B 极，C 极　　D．C 极，E 极

3．二极管按制造材料的不同，可以分为锗二极管、硅二极管等。反接电压截止时，也有微弱电流通过，其中（　　）的反向电流更小一点。

A．锗二极管　　B．硅二极管　　C．一样大　　D．无法判断

4．用数字万用表的二极管挡测量二极管，当红表笔接二极管正极、黑表笔接二极管负极时，屏幕显示二极管的（　　）。

A．阻值　　B．电流　　C．正向压降　　D．反向压降

二、填空题

1．二极管按结构分有__________、__________和平面型二极管三大类。

2．根据二极管 PN 结的正向导通特性，可以用万用表来确定二极管的极性，其中数字万用表的红表笔接的是二极管的__________，黑表笔接的是二极管的__________。

三、画图题

画出普通二极管的电路符号。

任务三　常见二极管介绍

一、PN 结的特性与二极管

根据 PN 结的材料、掺杂分布、几何结构和偏置条件的不同，利用其基本特性可以制造多种功能的二极管。

（1）利用PN结的单向导电性，可以制作整流二极管、检波二极管和开关二极管。

（2）利用PN结的击穿特性，可以制作稳压二极管和雪崩击穿二极管。

（3）利用高掺杂PN结隧道效应，可以制作隧道二极管。

（4）利用结电容随外电压变化效应，可以制作变容二极管。

（5）利用前向偏置异质结的载流子注入与复合，可以制作半导体激光二极管与半导体发光二极管。

（6）利用光辐射对PN结反向电流的调制作用，可以制作光电探测器。

（7）利用光生伏特效应，可以制作太阳电池。

二、常见的二极管

二极管按用途可分为整流二极管、检波二极管、稳压二极管、开关二极管、发光二极管、光电二极管等。

1. 整流二极管

利用PN结的单向导电性，可以组成各种整流电路，将交流电变换成直流电。通常整流二极管包含一个PN结，有正极和负极两个端子，如图3-12所示。

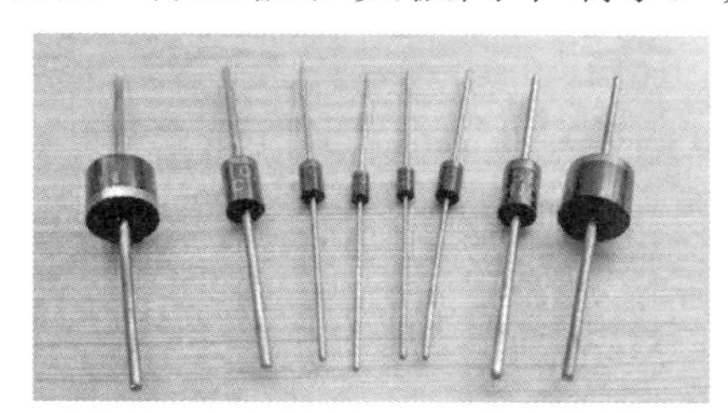

图3-12　常见整流二极管的外形和电路符号

常见的普通塑封整流二极管有1N4001、1N4002、1N4003、1N4004、1N4005、1N4006、1N4007等型号。型号不一样，代表着参数不一样。例如，1N4001的高反向击穿电压为50V，1N4007的高反向击穿电压为1000V。

注：银灰色一端表示整流二极管负极。

2. 稳压二极管

稳压二极管（Zener Diode），又称齐纳二极管。在电路中常用字母VZ表示稳压二极管。稳压二极管是利用PN结反向击穿状态下的电流可在很大范围内变化而电压基本不变的现象，制成的起稳压作用的二极管。常见稳压二极管的外形和电路符号如图3-13所示。

常见的稳压二极管和它对应的稳压值：1N4614（1.8V）、1N4615（2V）、1N4616（2.2V）、1N4617（2.4V）、1N4618（2.7V）、1N4619（3V）、1N4620（3.3V）。

注：塑封稳压二极管管体上印有彩色标记的一端为负极，另一端为正极。

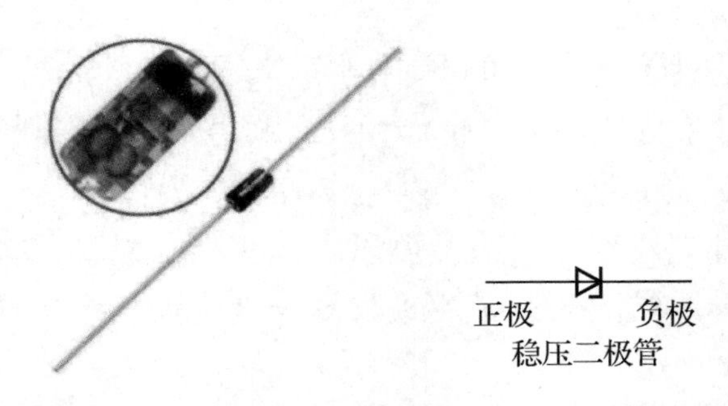

图 3-13　常见稳压二极管的外形和电路符号

3. 变容二极管

变容二极管（Varactor Diode），又称可变电抗二极管，是利用 PN 结反偏时结电容大小随外加电压变化的特性制成的二极管。反偏电压增大时，结电容减小；结电容增大时，变容二极管的电容一般较小，其最大值为几十皮法到几百皮法，最大电容与最小电容之比约为 5 : 1。变容二极管主要在高频电路中用于自动调谐、调频、调相等。例如，在电视接收机的调谐回路中作为可变电容。常见变容二极管的外形和电路符号如图 3-14 所示。

> **注：** 无标识正负极的变容二极管可以用万用表测量确定。

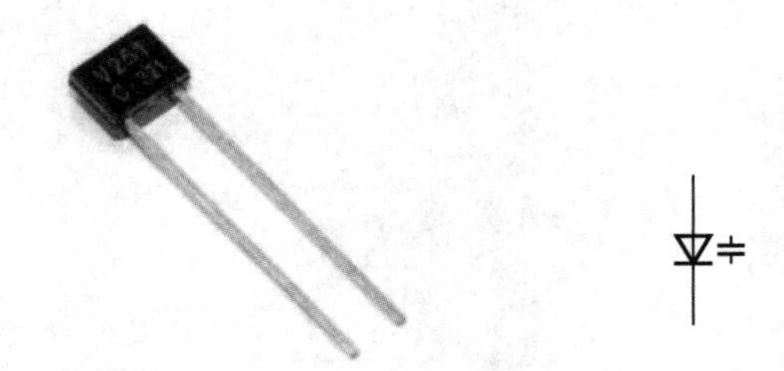

图 3-14　常见变容二极管的外形和电路符号

4. 瞬态抑制二极管

瞬态抑制二极管（Transient Voltage Suppressor，TVS），又称雪崩击穿二极管，是一种二极管形式的高效能保护器件。它能在极短时间内承受反向电压冲击，使两极间的电压钳位于一个特定电压上，避免后面的电路受到冲击。常见瞬态抑制二极管的外形和电路符号如图 3-15 所示。

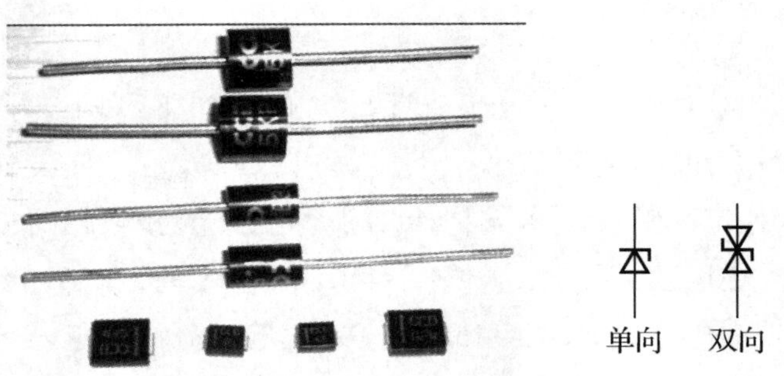

图 3-15　常见瞬态抑制二极管的外形和电路符号

简单地说就是用于过压保护，因此瞬态抑制二极管广泛应用于计算机系统、通信设备、家用电器中。瞬态抑制二极管连接时必须反向工作在电路电源、地两端，与稳压二极管类似，但不需要限流电阻。

瞬态抑制二极管种类繁多，型号齐全，目前，业内常用型号有 SM8S 系列、SMF 系列、SMAJ 系列等。

三、常见的二极管电路符号

常见的二极管电路符号如图 3-16 所示。

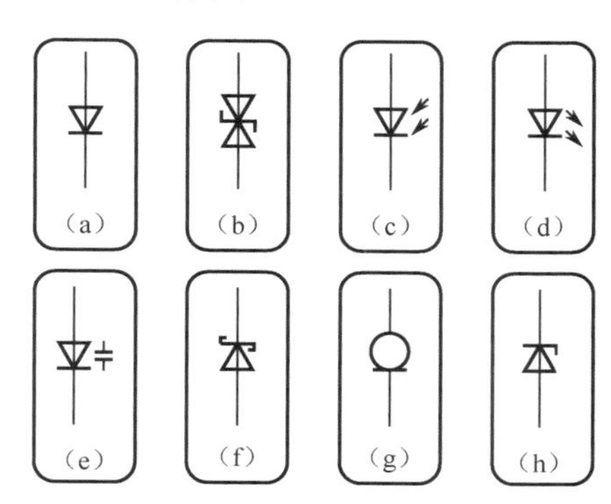

图 3-16　常见的二极管电路符号

图 3-16（a）所示为普通二极管。

图 3-16（b）所示为双向瞬态抑制二极管（双向击穿二极管）。

图 3-16（c）所示为光电二极管（光敏二极管）。

图 3-16（d）所示为发光二极管。

图 3-16（e）所示为变容二极管。

图 3-16（f）所示为肖特基二极管。

图 3-16（g）所示为恒流二极管。

图 3-16（h）所示为稳压二极管（齐纳二极管、单向击穿二极管）。

【实训任务】

观察并测量老师发放的 3 个不同的二极管，确定二极管的正负极，用数字万用表测量正向压降，将结果填入表 3-4 中。

表 3-4　二极管观察

序　　号	二极管类型	外 观 特 征	正 向 压 降
1			
2			
3			

【课后练习题】

一、选择题

1．稳压二极管用英文符号（　　）表示。

A．VD　　B．TVS　　C．VZ　　D．VT

2．瞬态抑制二极管用英文符号（　　）表示，又称雪崩击穿二极管，是一种二极管形式的高效能保护器件。

A．VD　　B．TVS　　C．VZ　　D．VT

3．瞬态抑制二极管常用于（　　）。

A．过流保护　　B．过载保护　　C．过压保护　　D．低压保护

二、填空题

1．整流二极管利用 PN 结的单向导电性，可以组成各种________________，将交流电变换成直流电。

2．利用 PN 结的________________性，可以制作整流二极管、检波二极管和开关二极管。

3．利用 PN 结的________________特性，可以制作稳压二极管和雪崩击穿二极管。

4．下图所示的整流二极管，灰色那一端表示二极管的____________。

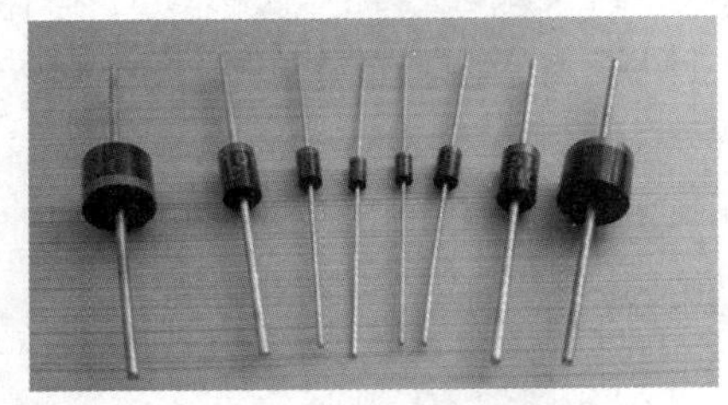

5．下图所示的整流二极管，管体上印有彩色标记那一端表示二极管的____________。

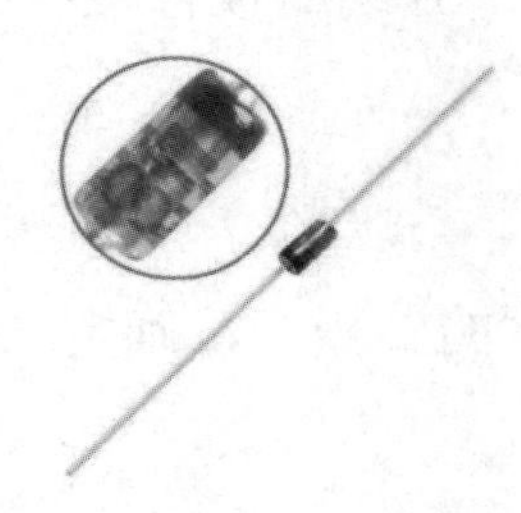

三、画图题

1．画出整流二极管的电路符号。

2．画出稳压二极管的电路符号。

3．画出变容二极管的电路符号。

4．画出双向瞬态抑制二极管的电路符号。

任务四 认识发光二极管和光电二极管

一、发光二极管原理

发光二极管（Light Emitting Diode，LED）是由镓（Ga）、砷（As）、磷（P）、氮（N）、铟（In）的化合物制成的二极管，当电子与空穴复合时能辐射出可见光，因而可以用来制成 LED。LED 的结构和符号如图 3-17 所示。

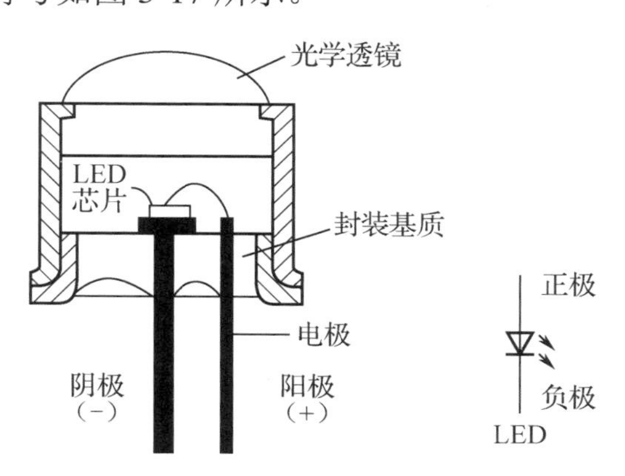

图 3-17 LED 的结构和符号

LED 在电路及仪器中作为指示灯，或者用于文字或数字显示，现在的电视、手机等显示屏也多用有机发光二极管技术（Organic Light Emitting Diode，OLED）。砷化镓二极管发红光，磷化镓二极管发绿光，碳化硅二极管发黄光，铟镓氮二极管发蓝光。

二、LED 技术优点

1. 节能环保

利用 LED 技术制作的节能灯，基本上无辐射，属于典型的绿色照明光源，其发光效率可达 80%～90%，远超普通白炽灯、螺旋节能灯及 T5 三基色荧光灯，可以节约大量的能源。

2. 响应速度快

LED 响应时间最低的已达 1μs，一般的多为几毫秒，约为普通光源响应时间的 1/100，因此 LED 可用于很多高频环境。

3. 使用寿命长

LED 在生产过程中不添加“汞”，不需要充气，也不需要玻璃外壳，抗冲击性好，抗震性好，不易破碎，便于运输，LED 使用寿命普遍为 5 万～10 万小时，因为 LED 是半导体器件，即使是频繁地开关，也不会影响到使用寿命。

4. 其他优势

LED 的体积小，更加便于各种设备的布置和设计；显色性高，不会对人的眼睛造成伤害。LED 是冷光源，不会吸引虫子过来，因此也就不会产生虫子的排泄物。

三、常见的 LED 分类

1. 直插式 LED

直插式 LED 的电气连接采取 2 引脚直插的形式，是传统的、低端的产品，因为封装热阻大，芯片散热不易，故其光效衰减快、寿命短。直插式 LED 有 3mm、5mm、8mm、10mm 等尺寸，优点是价格便宜，可以做成很小的出光角度。直插式 LED 如图 3-18 所示。

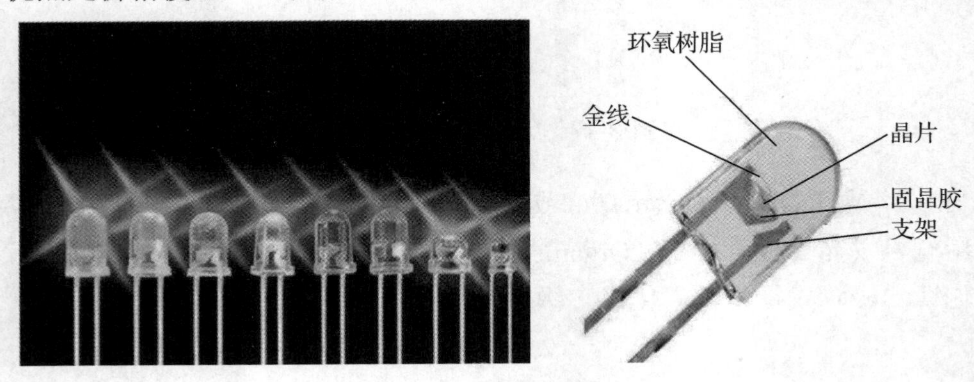

图 3-18　直插式 LED

注：从外观看，直插式 LED 正负极分辨有两种方法：一是看引脚，引脚长的为正极；二是看内部，结构小的为正极。

2．食人鱼（FLUX）LED

食人鱼 LED 是一种采用 4 引脚直插封装形式的 LED，其散热性和可靠性都好于普通 2 引脚直插式 LED，是当前常用的光源，可制成线条灯、背光源的灯箱、大字体槽等。食人鱼 LED 如图 3-19 所示。

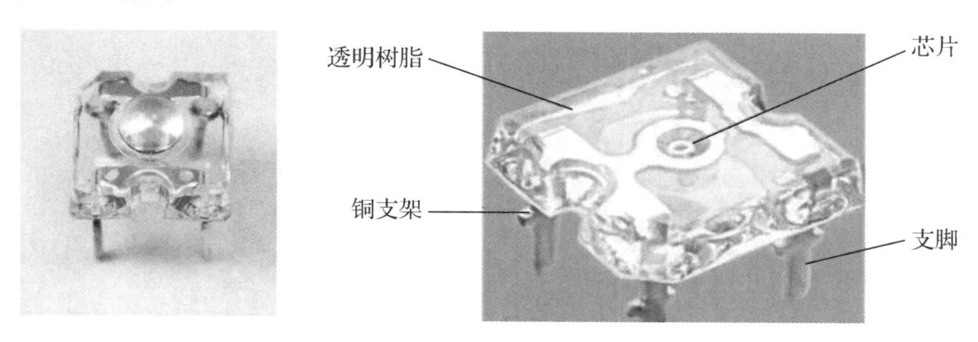

图 3-19　食人鱼 LED

3．贴片式 LED

贴片式 LED，即 SMD LED，是一种新型的表面贴装式半导体发光器件，具有体积小、散射角大、发光均匀性好、可靠性高等优点，正是这些优点的存在，使其适合自动化贴装生产，并成为比较先进的一种工艺。贴片式 LED 可以采用 2 引脚、4 引脚、6 引脚贴片的方式，是目前常用的光源，封装外形越大，散热性能越好，可承受功率越大，可输出光能越大。贴片式 LED 如图 3-20 所示。

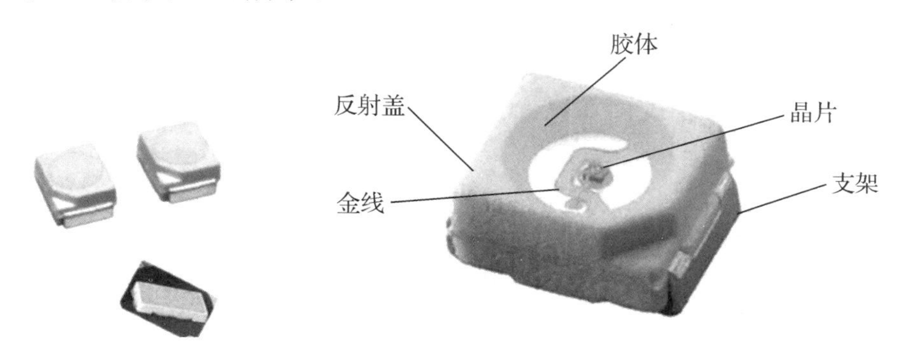

图 3-20　贴片式 LED

4．大功率 LED

大功率 LED 是采用大尺寸芯片和加强的热通道技术设计的 LED，常用的大功率 LED 分为 0.5W、1W、3W、5W 等规格，单个灯珠可承受 300mA 以上的工作电流，并输出超过 100lm 的光通量，广泛应用于商业照明。大功率 LED 如图 3-21 所示。

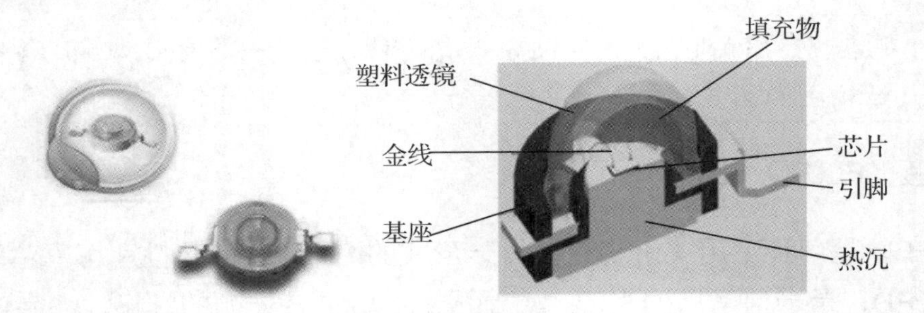

图 3-21　大功率 LED

四、LED 的应用领域

LED 产品主要集中在显示领域、照明领域、传感技术领域等。

1. 显示领域

通过采用不同的半导体材料，可以让 LED 发出不同颜色的光，而红、绿、蓝 3 种 LED 的研究成功，通过三基色的配比控制电流，LED 产品可以实现很多种颜色的变换。加之 LED 的各种优良特点，让 LED 显示成为当前的热点。LED 应用于电子仪器指示灯、电子板显示器、公共交通信号、背光源、手机电视等方面。LED 在传统显示方面的应用如图 3-22 所示。

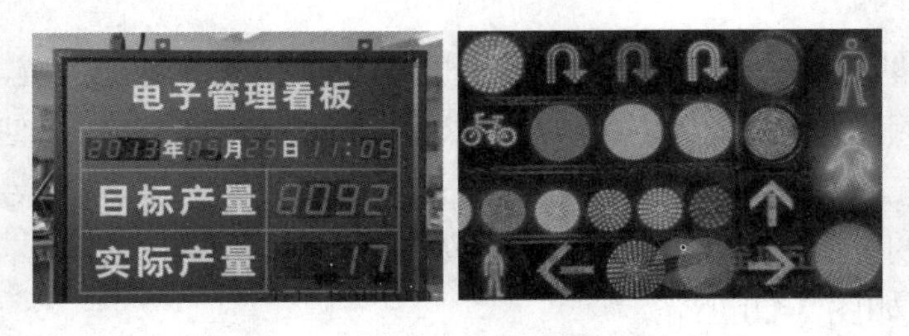

图 3-22　LED 在传统显示方面的应用

采用 OLED 技术可以制作更轻薄、亮度高、功耗低、响应快、清晰度高、柔性好、发光效率高的屏幕。LED 在屏幕显示方面的应用如图 3-23 所示。

图 3-23　LED 在屏幕显示方面的应用

2. 照明领域

在照明领域，LED 主要应用于室内外照明、景观照明和汽车照明等方面。随着 LED

技术的提升，LED 的价格也在不断地下降，所以 LED 会逐渐取代传统的白炽灯和荧光灯，形成市面上通用的照明产品。LED 在照明领域的应用如图 3-24 所示。

图 3-24　LED 在照明领域的应用

3. 传感技术领域

LED 产品发出的光不仅有白色、可见光的颜色，更有不可见光的红外线和紫外线。红外产品可以用于自动门感应领域。LED 传感产品与红外半导体激光的传感器相比，在照度范围上更加有优势。在普通的条形码读写器中，LED 作为光源接近并照亮物体。条形码读写器中的传感器以 0.1mm 的分辨率读取条形码的数据。LED 传感技术与传统的半导体激光器的条码扫描仪相比，采用 LED 传感技术的成本更低，而且读取的距离也更远，在一定的程度上会提升工作的效率。

五、光电二极管

光电二极管（Photo-Diode），又叫作光敏二极管，和普通二极管一样，也是由一个 PN 结组成的半导体器件，也具有单向导电性。

普通二极管在反向电压作用时处于截止状态，只能流过微弱的反向电流，光电二极管在设计和制作时尽量使 PN 结的面积相对较大，以便接收入射光。光电二极管是在反向电压作用下工作的，没有光照时，反向电流极其微弱，称为暗电流；有光照时，反向电流迅速增大到几十微安，称为光电流。光的强度越大，反向电流也越大。光的变化引起光电二极管的电流变化，可以把光信号转换成电信号，成为光电传感器件。常见光电二极管的外形和电路符号如图 3-25 所示。

图 3-25　常见光电二极管的外形和电路符号

【实训任务】

1. 电路图

根据图 3-26 所示的电路图，准备对应的 12V 电源、3 个白光 LED（White LED）、100Ω 电阻、连接电线、面包板。

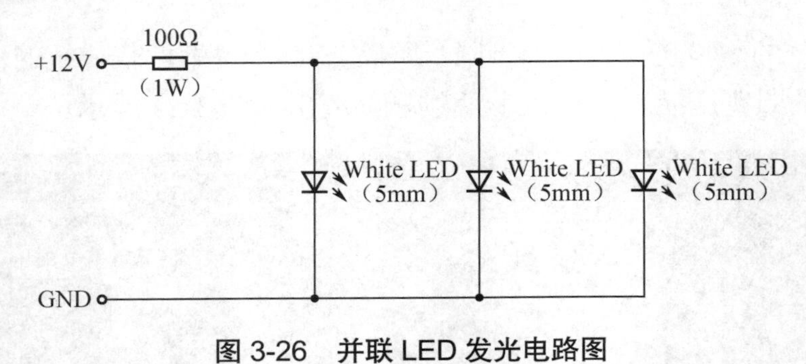

图 3-26　并联 LED 发光电路图

2．按电路图接线

按电路图示意的接线方法，将电源正负极接入面包板的窄条区，将电子元器件按连接顺序合理规划放置在宽条区，尽量减少导线的使用。最后用导线连接整个电路。并联 LED 发光电路实物接线图如图 3-27 所示。

图 3-27　并联 LED 发光电路实物接线图

第一次搭接完毕后，记录时长和连接导线数量。还原后，再进行第二次搭接，记录时长和连接导线数量，将结果填入表 3-5 中。对比两次搭接效果，进行自评和组长评价。

表 3-5　搭接效果表

序　号	项　目	时　长	连接导线数量	学 生 自 评	组 长 评 价
1	第一次搭接				
2	第二次搭接				

姓名：　　　　组名：　　　　组长签名：

【课后练习题】

一、选择题

1．发光二极管用英文符号（　　）表示。

A．LED　　B．LCD　　C．OLED　　D．CRT

2．光电二极管又叫作（　　）二极管，和普通二极管一样，也是由一个 PN 结组成的半导体器件，也具有单向导电性。

A．电光　　　B．闪电　　　C．敏感　　　D．光敏

3．发光二极管简称 LED，它不是用以下（　　）元素的化合物制成的二极管。

A．镓　　　B．砷　　　C．磷　　　D．硅

4．通过采用不同的半导体材料，可以让 LED 发出不同颜色的光，而（　　）3 种 LED 的研究成功，通过三基色的配比控制电流，LED 产品可以实现很多种颜色的变换。

A．红、绿、蓝　　　B．红、黄、蓝　　　C．红、黄、紫　　　D．红、绿、紫

二、填空题

1．从外观看，直插式 LED 正负极分辨有两种方法：一是看引脚，引脚短的为____________；二是看内部，结构小的为_____________。

2．LED 的主要优点有__________________、_______________、______________等。

3．采用_________________（有机/无机）发光二极管技术可以制作更轻薄、亮度高、功耗低、响应快、清晰度高、柔性好、发光效率高的屏幕。

三、画图题

1．画出发光二极管的电路符号。

2．画出光电二极管的电路符号。

项目四

手工焊接技术

任务一　认识电烙铁

一、电烙铁

电烙铁是电子制作和电气维修的必备工具，主要用途是焊接元器件及导线。按机械结构的不同，电烙铁可分为内热式电烙铁和外热式电烙铁。

1．外热式电烙铁

外热式电烙铁是指烙铁头在发热芯里面的电烙铁。它由烙铁芯、烙铁头、手柄等组成。烙铁芯由电热丝绕在薄云母片和绝缘筒上制成，加热效率低，通常要预热 2～5min 才能焊接。外热式电烙铁又叫作普通电烙铁。外热式电烙铁和烙铁芯如图 4-1 所示。

2．内热式电烙铁

内热式电烙铁是指发热芯插在烙铁头里面的电烙铁。它由发热元件、烙铁头、连接杆及手柄等组成，有单支手柄的，也有带焊台的。烙铁芯安装在烙铁头里面，比外热式电烙铁发热要快，热利用率高，更换烙铁头也较方便。带焊台的内热式电烙铁和烙铁芯如图 4-2 所示。

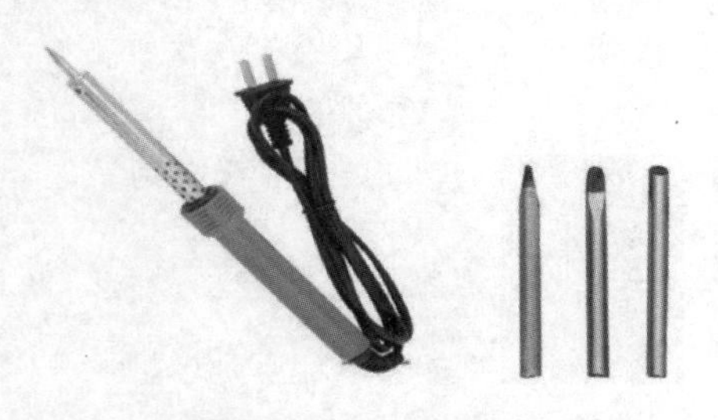

图 4-1　外热式电烙铁和烙铁芯

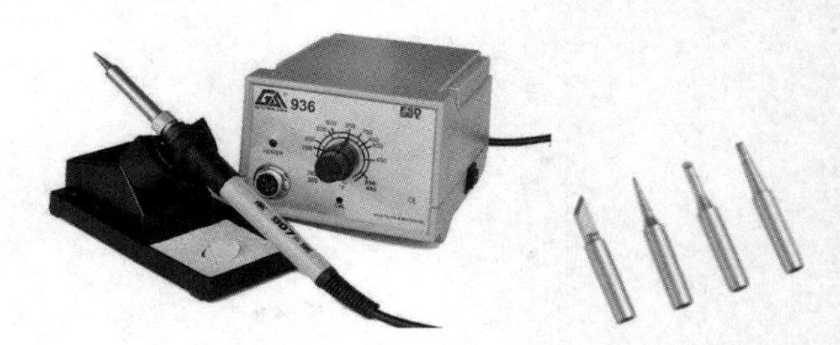

图 4-2　带焊台的内热式电烙铁和烙铁芯

3. 电烙铁的选购

（1）一般来说，电烙铁的功率越大，热量越大，烙铁头的温度越高。

（2）若使用的电烙铁功率过大，则容易烫坏元器件和使印制电路板上的导线脱落。

（3）若使用的电烙铁功率过小，则焊锡不能充分熔化，焊剂不能挥发出来，焊点不光滑、不牢固，容易产生虚焊。

（4）焊接时间过长，也会烧坏元器件，一般每个焊点在 1.5～4s 完成。

注： 对于初学者来说，焊接小功率的阻容元件、晶体管、集成电路、印制电路板的焊盘时，选用 20W 的内热式电烙铁最好。

二、焊料与助焊剂

焊接材料主要是指连接金属的焊料和清除金属表面氧化物的助焊剂。

1. 焊料

能熔合两种以上的金属使其成为一个整体，且熔点比被熔金属低的金属或合金都可作为焊料。根据锡和铅的不同配比，可以配制不同性能的锡铅合金焊料。用于电子整机产品焊接的焊料一般为锡铅合金焊料，称为“焊锡”，如图 4-3 所示。

2. 助焊剂

在焊接过程中，助焊剂的作用是净化焊料、去除金属表面氧化膜，并防止焊料和被焊金属表面再次氧化，以保护纯净的焊接接触面。助焊剂大致可分为无机助焊剂、有机助焊剂和树脂助焊剂三大类，其中以松香为主要成分的树脂助焊剂在电子产品中占有重要地位，成为专用型的助焊剂。图 4-4 所示为松香助焊剂。

图 4-3　焊锡

图 4-4　松香助焊剂

三、电烙铁的正确使用方法

1. 电烙铁的常用握法

使用电烙铁时一般有 3 种握法：反握法、正握法和握笔法，如图 4-5 所示。

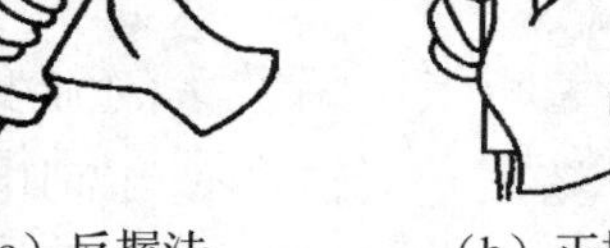
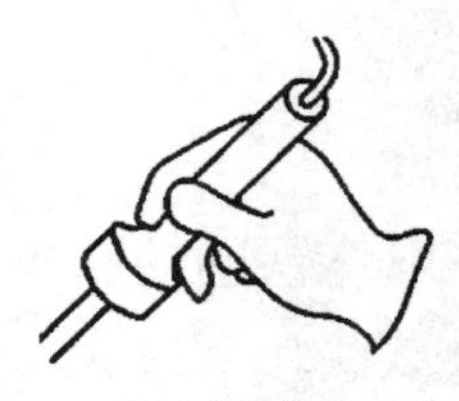

（a）反握法　　（b）正握法　　（c）握笔法

图 4-5　电烙铁的常用握法

2. 烙铁头的养护

（1）焊接工作前烙铁头的养护。

必须先把清洁海绵湿水，再挤干多余水分。这样才可以使烙铁头得到最好的清洁效果。

（2）焊接工作后烙铁头的养护。

先把温度调到约 250℃，然后清洁烙铁头，再加上一层新锡。（如果使用非控温电烙铁，先把电源切断，让烙铁头温度稍微降低后再上锡。）

注意事项：

（1）尽量使用低温焊接。

高温会使烙铁头加速氧化，缩短烙铁头寿命。如果烙铁头温度超过 470℃，它的氧化速度是 380℃时的 2 倍。

（2）勿施压过大。

在焊接时，请勿施压过大，否则会使烙铁头受损变形。只要烙铁头能充分接触焊点，热量就可以传递。另外，选择合适的烙铁头也能帮助传热。

（3）经常保持烙铁头上锡。

这可以减少烙铁头的氧化机会，使烙铁头更耐用。使用后，应待烙铁头温度稍微降低后再加上新锡，使镀锡层有更佳的防氧化效果。

（4）保持烙铁头清洁及即时清理氧化物。

如果烙铁头上有黑色氧化物，烙铁头就可能会不上锡，此时必须立即清理。清理时先把烙铁头温度调到约 250℃，再用清洁海绵清洁烙铁头，然后上锡。不断重复动作，直到把氧化物清理干净为止。

（5）选用活性低或腐蚀性弱的助焊剂。

活性高或腐蚀性强的助焊剂在受热时会加速腐蚀烙铁头，所以应选用活性低或腐蚀性弱的助焊剂。切勿使用砂纸或硬物清洁烙铁头。

（6）把电烙铁放在烙铁架上。

不使用电烙铁时，应小心地把电烙铁放在合适的烙铁架上，以免烙铁头受到碰撞而损坏。

（7）选择合适的烙铁头。

选择合适的烙铁头尺寸和形状是非常重要的，选择合适的烙铁头能使工作更有效率及增加烙铁头的耐用程度。选择错误的烙铁头会使电烙铁不能发挥最高效率，焊接质量也会因此而降低。

四、其他常用的焊接工具

1．斜口钳

斜口钳（见图 4-6）主要用于剪切导线，尤其是剪掉印制电路板焊点上多余的引线，选用斜口钳效果最好。斜口钳还经常代替一般剪刀剪切绝缘套管等。

2．尖嘴钳

尖嘴钳（见图 4-7）一般用于夹持小螺母、小零部件，使用方便，且能绝缘。

3．镊子

镊子（见图 4-8）的主要用途是在手工焊接时夹持导线和元器件，防止其移动。还可以用镊子对元器件进行引线成形加工，把元器件的引线加工成一定的形状。

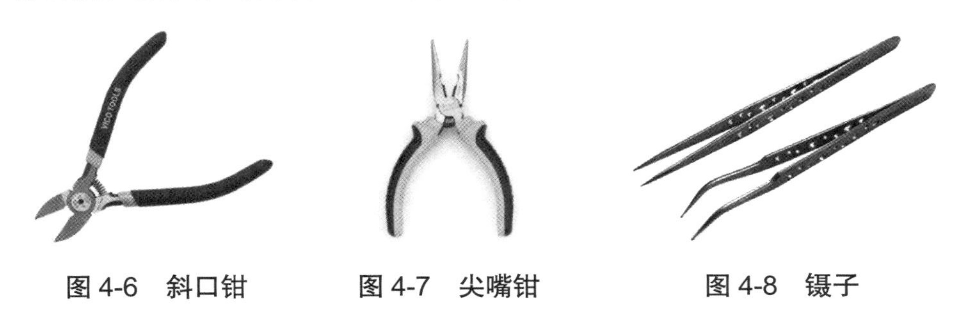

图 4-6　斜口钳　　图 4-7　尖嘴钳　　图 4-8　镊子

五、常见的拆焊工具

除电烙铁外，经常要用到以下非电动工具进行辅助拆焊。

1．简单吸锡器

吸锡器（见图 4-9）是一种修理电气用的工具，收集拆卸焊盘电子元器件时熔化的焊锡。实验室常用的简单吸锡器是手动活塞式的，且大部分是塑料制品，它的头部由于常常接触高温，因此通常都采用耐高温塑料制成。

简单吸锡器的使用步骤如下。

（1）先把吸锡器活塞向下压至卡住。

（2）用电烙铁加热焊点至焊料熔化。

（3）移开电烙铁的同时，迅速把吸锡器的吸嘴贴在焊点上，并按动吸锡器按钮，使活塞弹起，熔化的焊料随即进入吸锡器的吸管中。

（4）活塞向下按压，弹出吸管内多余焊料。

（5）如果一次吸不干净，可重复操作多次。

2．空心针管

一盒空心针管（见图 4-10）粗细有多种型号，可根据元器件引脚的粗细来选择。空心针管对拆焊一些较大的具有圆形引脚的电子元器件有较好的效果，可以有效去除附着在元器件引脚上的焊锡，达到分离元器件和电路板的目的。

图 4-9　吸锡器

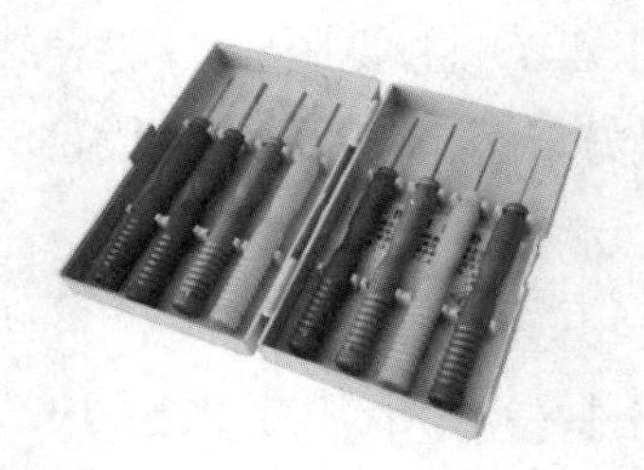

图 4-10　空心针管

【实训任务】

使用电烙铁在万能板上进行点焊和连焊练习。

（1）连焊：将万能板外围一圈连焊成方框形。

（2）点焊：将万能板内部每个点填满，注意各焊点不能有粘连桥接。

检查焊接效果，并填写表 4-1。

表 4-1　焊接效果表

序　号	项　目	数　据	学生自评	组长评价
1	焊接时间			
2	损坏万能板铜箔数			
3	焊接工艺评价			

姓名：　　　　　组名：　　　　　组长签名：

【课后练习题】

一、填空题

1．电烙铁是电子制作和电气维修的必备工具，主要用途是焊接元器件及导线。按机械结构的不同，电烙铁可分为____________________电烙铁和____________________电烙铁。

2．能熔合两种以上的金属使其成为一个整体，且熔点比被熔金属低的金属或合金都可作为焊料。用于电子整机产品焊接的焊料一般为锡铅合金焊料，称为__________。

3．在焊接过程中，____________________的作用是净化焊料、去除金属表面氧化膜，并防止焊料和被焊金属表面再次氧化，以保护纯净的焊接接触面。

4．使用电烙铁时有 3 种握法，分别是__________________、_____________________和______________________。

二、问答题

如何保养电烙铁？

任务二 万能板的焊接方法

一、万能板

万能板又称洞洞板，如图 4-11 所示，是一种按照标准间距（2.54mm）布满焊盘、可按布局和布线需求插装元器件及连线的印制电路板。在使用万能板时，把元器件焊接在万能板上，然后用电烙铁把需要连接的引脚连接起来，这样就组成了一个电路。万能板的特点：价格低、使用方便、扩展灵活、打印方便。

（a）万能板的正面

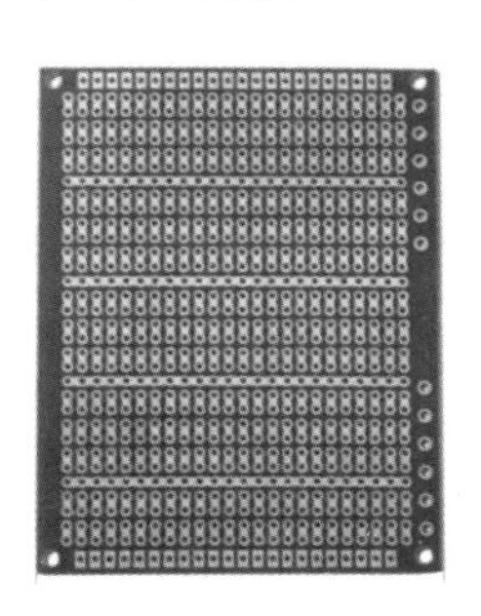

（b）单孔万能板的背面

（c）连孔万能板的背面

图 4-11 万能板

二、元器件引线成形

为了便于安装和焊接，提高装配质量和效率，加强电子设备的防震性，在安装前，根据安装位置的特点及技术方面的要求，需要预先把元器件引线弯成一定的形状，如图 4-12 所示。

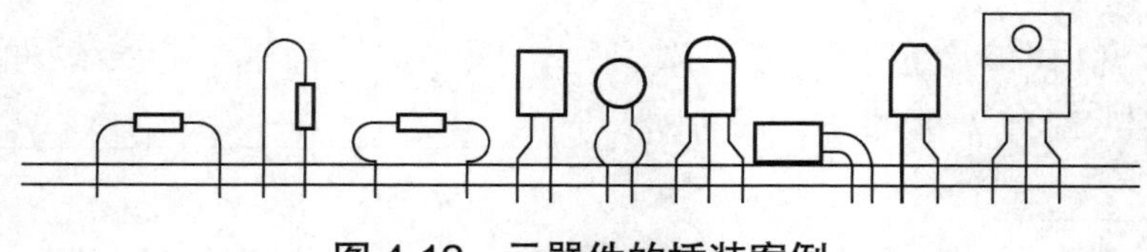

图 4-12　元器件的插装案例

1．电阻成形

电阻的插装一般有两种方法，一种是卧式插装，另一种是立式插装。具体采用何种插装方式，可视万能板空间和插装位置大小来选择。如图 4-13 所示，左边为立式插装，右边为卧式插装。

2．二极管成形

立式插装二极管在成形时，先用镊子将二极管引线两头拉直，然后用螺钉旋具作固定面，在塑封二极管的负极（标记向上）引线约 2mm 处，将其负极引线弯成半圆形即可。如图 4-14 所示，左边为卧式插装，右边为立式插装。发光二极管在成形时，用镊子将二极管引线两头拉直，直接插入万能板即可。

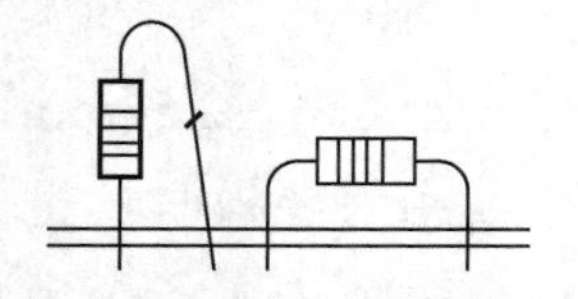

图 4-13　电阻立式插装和卧式插装

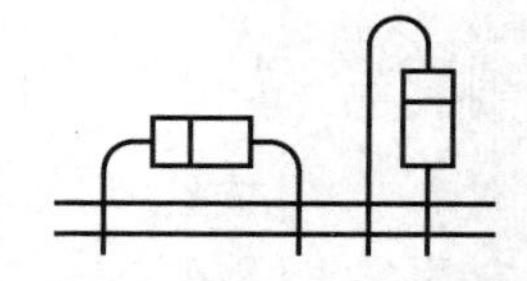

图 4-14　二极管卧式插装和立式插装

3．电容成形

陶瓷电容成形时，将电容的引线拉直，然后向外弯成 60° 倾斜即可，如图 4-15（a）所示。

电解电容成形时，将电容的两根引线拉直即可，如图 4-15（b）所示。

体积较大的电解电容一般采用卧式插装。成形时，先用镊子将电容的两根引线拉直，然后用镊子或整形钳在离电容本体约 5mm 处分别将两根引线向外弯成 90°，如图 4-15（c）所示。

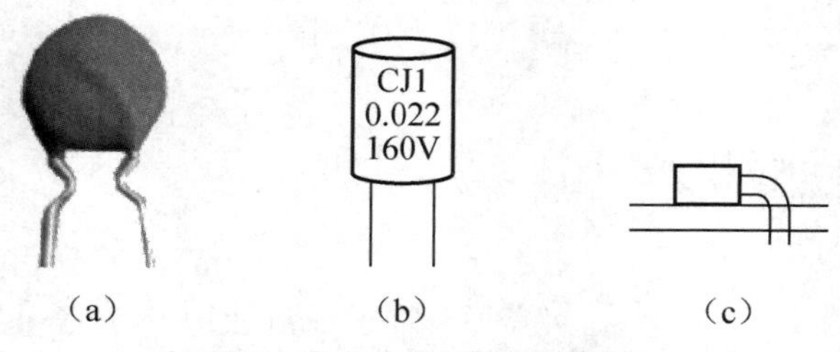

图 4-15　电容成形示意图

4．三极管成形

三极管直排式插装成形时，先用镊子将三极管的 3 根引线拉直，分别将两边引线向外弯成 50° 倾斜即可，如图 4-16（a）所示。

三极管跨排式插装成形时，先用尖嘴钳将三极管的 3 根引线拉直，然后将中间的引线向前或向后弯成 60° 倾斜即可，如图 4-16（b）所示。

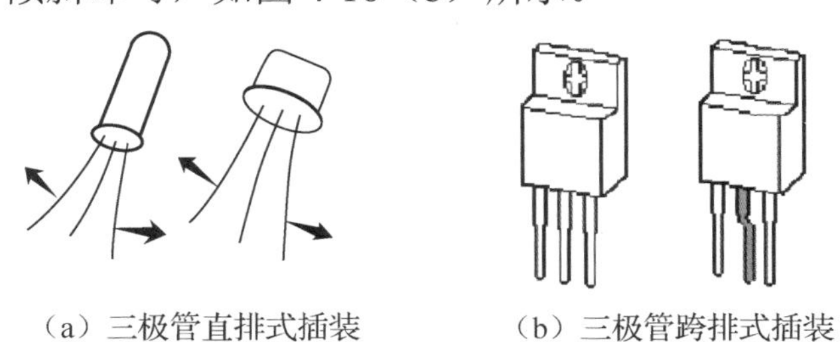

（a）三极管直排式插装　　（b）三极管跨排式插装

图 4-16　三极管成形示意图

三、电子元器件固定方法

将成形的插件式电子元器件插入万能板之后，需要将板子翻过来才能焊接。因部分元器件引脚较细，插件进板子时比较松，翻过板子就容易从板子上掉下来。作为初学者，在实践中有以下注意事项。

（1）固定一个元器件，立即翻过来焊接一个。

（2）翻过板子时，用手指撑着元器件防止它从板子上掉下来。

（3）将元器件外露的导线弯曲到 45° 左右，可以让元器件固定在板子上，如图 4-17 所示。不可直接弯曲成 180°，会影响焊接效果。

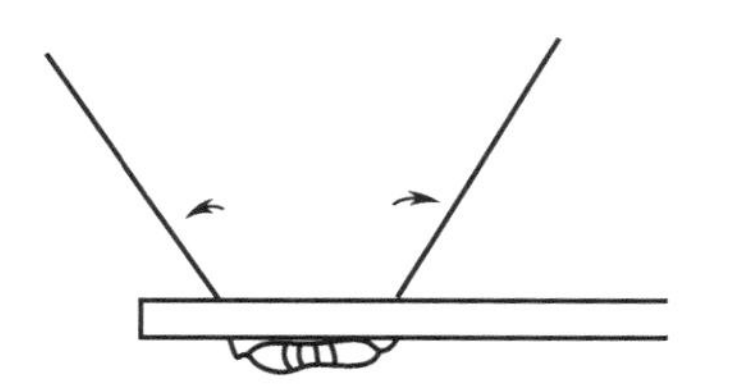

图 4-17　插件式电阻固定方法

（4）在有较多元器件的万能板上焊接的原则一般是：由内到外，由小到大，由矮到高。

（5）焊接完成后，一一检查元器件位置和松动情况。可以再次加热焊盘，用另一手指按压回原位，待焊锡凝固后才松手。

四、五步焊接法

常用焊接方法主要为五步焊接法，如图 4-18 所示。

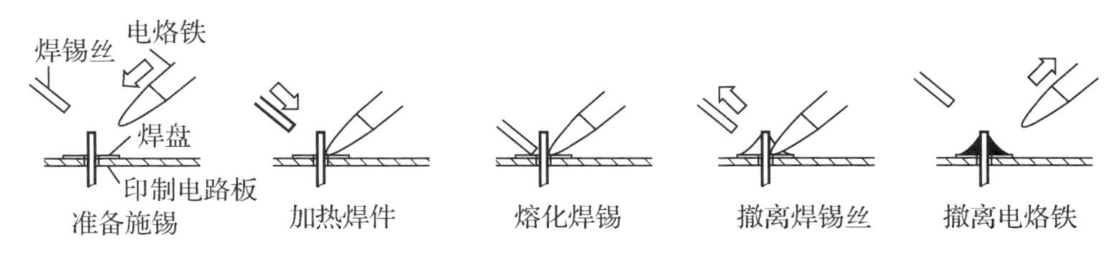

图 4-18　五步焊接法

1. 准备施焊

焊接之前首先要检查电烙铁，烙铁头要保持清洁，处于带锡状态，即可焊状态。一般左手拿焊锡丝，右手拿电烙铁，将烙铁头和焊锡丝靠近，处于随时可以焊接的状态，同时认准位置。

2．加热焊件

将烙铁头接触待焊元器件的焊点，将上锡的烙铁头沿 45° 角的方向贴紧该元器件的引线进行加热，使焊点升温。

3．熔化焊锡

在该元器件的引线加热到能熔化焊锡的温度后，沿 45° 角的方向及时将焊锡丝从烙铁头的对侧处及焊接处的表面接触焊件，熔化适量焊锡。

4．撤离焊锡丝

熔化适量的焊锡之后迅速将焊锡丝移开。

5．撤离电烙铁

焊点上的焊锡充分浸润焊盘和焊件引线，撤离电烙铁，使得焊点光亮、圆滑、清洁、无锡刺，锡量适中。完成焊接一个焊点所使用的时间不能过长，一般不超过 3s。

五、三步焊接法

对于热容量小的焊件，可以采用三步焊接法，如图 4-19 所示。

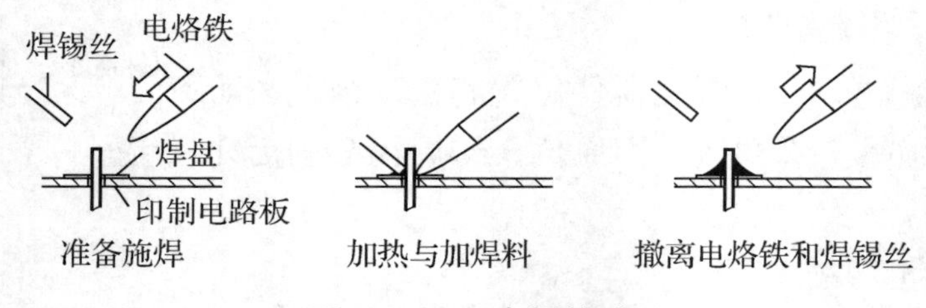

图 4-19　三步焊接法

1．准备施焊

右手持电烙铁，左手拿焊锡丝并与电烙铁靠近，处于随时可以焊接的状态。

2．加热与加焊料

在焊件的两侧，同时放上电烙铁和焊锡丝，并熔化适当的焊料。

3．撤离电烙铁和焊锡丝

当焊料的扩散达到要求后，迅速移开电烙铁和焊锡丝。移开焊锡丝的时间不得迟于移开电烙铁的时间。

手工焊接的基本条件：

（1）清洁的焊接表面。

保持清洁的焊接表面，是保证焊接质量的先决条件。如果元器件引线、各种导线、焊接片、接线柱、印制电路板等表面被氧化或有杂物，一般可用锯条片、小刀或镊子反复刮净被焊面的氧化层；对于印制电路板的氧化层，则可用细砂纸轻轻磨去；对于较少的氧化层，则可用工业酒精反复涂擦氧化层使其溶化。

（2）选择合适的焊锡和助焊剂。

焊接前应根据被焊金属的种类、表面状态、焊点大小来选择合适的焊锡和焊剂。对于各种导线、焊接片、接线柱间的焊接及印制电路板焊盘等较大的焊点，一般选用 1.5mm、1.2mm、1.0mm 等较粗焊锡；对于元器件引线及较小的印制电路板焊盘等，选用 0.8mm、0.5mm 等较细焊锡。

通常根据被焊接金属的氧化程度、焊点大小等来选择不同种类的助焊剂。如果被焊接金属的氧化层较为严重，或焊点较大，选用松香酒精助焊剂；如果氧化程度较小，或焊点较小，选用中性助焊剂。

（3）焊接时要有一定的焊接温度。

焊接时若温度过高，则焊点发白、无金属光泽、表面粗糙；若温度过低，则焊锡未流满焊盘，造成虚焊。

（4）焊接时间要适当。

焊接时间的长短对焊接也很重要。若焊接时间过长，则可能造成元器件损坏、焊接缺陷、印制电路板铜片脱离；若焊接时间过短，则容易产生冷焊、焊点表面裂缝和元器件松动等情况，达不到焊接的要求。因此，应根据焊件的形状、大小和性质来确定焊接时间。

（5）焊接过程中不要触动焊点。

在焊点上的焊料尚未完全凝固时，不应移动焊点上被焊元器件及导线，否则焊点会变形，出现虚焊现象。

【实训任务】

根据图 4-20 用老师发放的 3 种类型的电阻、二极管、电容进行插装练习。

要求：

（1）电阻、二极管采用卧式插装和立式插装。

（2）电解电容采用卧式插装。

（3）插装完成后，将万能板上元器件的所有引脚焊到板上固定。

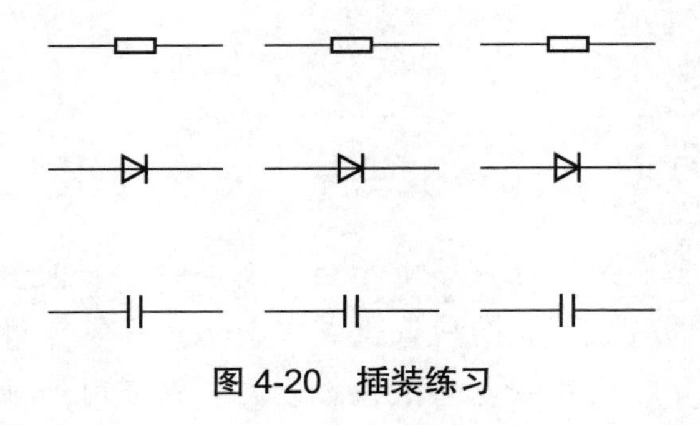

图 4-20　插装练习

检查焊接效果，并填写表 4-2。

表 4-2　焊接效果表

序　号	项　目	数　据	学生自评	组长评价
1	焊接时间			
2	损坏万能板铜箔数			
3	焊接工艺评价			

姓名：　　　　　　组名：　　　　　　组长签名：

【课后练习题】

一、填空题

1. ________________是一种按照标准间距（2.54mm）布满焊盘、可按布局和布线需求插装元器件及连线的印制电路板。

2. 电阻和二极管成形焊接一般有两种插装方法，一种是________________插装，另一种是________________插装。

二、问答题

简述五步焊接法。

任务三 认识开关

一、开关的概念

开关（Switch）的词语解释为开启和关闭。它还指一个可以使电路开路、使电流中断或使其流到其他电路的电子元件。最常见的开关是让人操作的机电设备，其中有一个或数个电子触点。开关的“闭合”表示电子触点导通，允许电流流过；开关的“开路”表示电子触点不导通，不允许电流流过。

1．常见的开关标记

“I”或“ON”代表数字“1”，相当于电平信号通，表示开。
“O”或“OFF”代表数字“0”，相当于电平信号断，表示关。
常见的开关标记如图 4-21 所示。

图 4-21 常见的开关标记

2．常见的开关电路符号

常见的开关电路符号如图 4-22 所示。

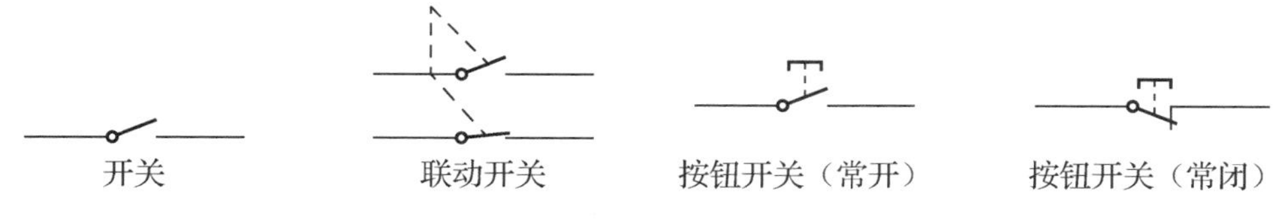

图 4-22 常见的开关电路符号

3．常见的开关英文符号

刀开关：QK，通断隔离电路。
按钮开关：SB，按下去导通，松开断开。
控制开关：SA，按下去一直导通。
断路器：QF，切断和接通负荷电路。

过载保护器：KM，超负荷自动切断。

二、开关的分类

1. 按照用途分类

开关按照用途分类，可分为波动开关、波段开关、录放开关、电源开关、预选开关、限位开关、转换开关［见图 4-23（a）］、控制开关［见图 4-23（b）］、隔离开关、行程开关、墙壁开关、智能防火开关等。

（a）转换开关

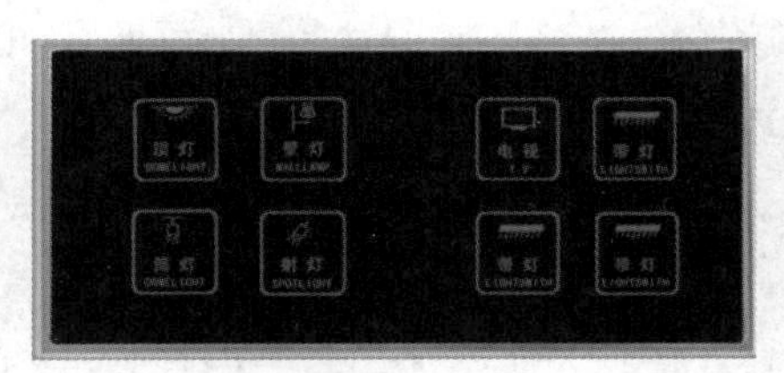

（b）控制开关

图 4-23 开关 1

2. 按照结构分类

开关按照结构分类，可分为微动开关、船形开关［见图 4-24（a）］、钮子开关［见图 4-24（b）］、按钮开关、按键开关［见图 4-24（c）］、拨动开关［见图 4-24（d）］，还有时尚潮流的薄膜开关、点开关。

（a）船形开关

（b）钮子开关

（c）按键开关

（d）拨动开关

图 4-24 开关 2

3. 按照接触类型分类

开关按照接触类型分类，可分为 a 型触点开关、b 型触点开关和 c 型触点开关三种。接触类型是指“操作（按下）开关后，触点闭合”这种操作状况和触点状态的关系。需要根据用途选择合适的接触类型的开关。

（1）a 型触点开关。

没有按下开关时，两个触点处于断开状态；按下开关后，两个触点就处于导通状态，这种开关称为 a 型触点开关。想通过操作开关运转负荷（电灯或马达等通过与电路连接消耗电气能源的设备）时，使用 a 型触点开关。没有按下开关时，灯是关着的；按下开关后，灯被点亮，如图 4-25 所示。

（2）b 型触点开关。

b 型触点是与 a 型触点正好相反的接触类型。也就是说，没有按下开关时，两个触点处于导通状态；按下开关后，两个触点就处于断开状态。没有按下开关时，灯是亮着的；按下开关后，灯被关闭，如图 4-26 所示。想通过操作开关停止负荷的运转时，使用 b 型触点开关。

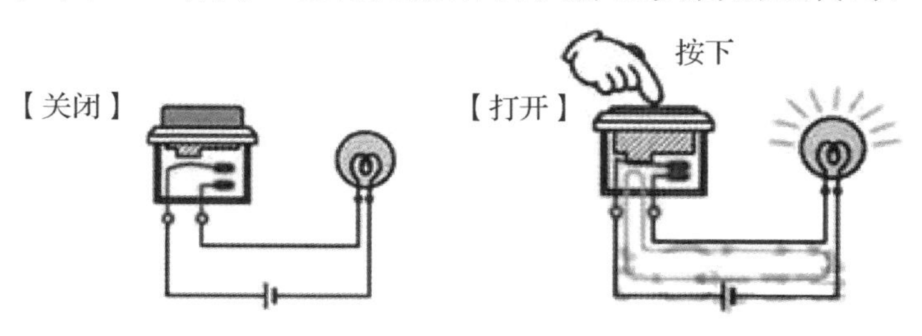

图 4-25　a 型触点开关

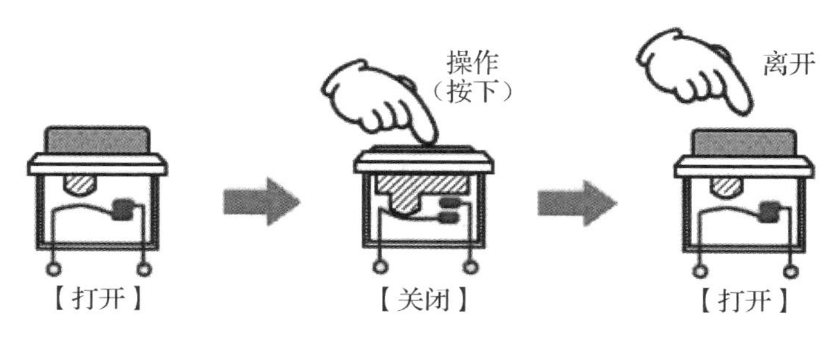

图 4-26　b 型触点开关

（3）c 型触点开关。

c 型触点开关是将 a 型触点和 b 型触点组合形成的一种开关。c 型触点开关的端子有共同端子（COM）、常闭端子（NC）和常开端子（NO）3 种。没有按下开关时，共同端子和常闭端子导通；按下开关后，共同端子和常开端子导通。c 型触点开关的用途是利用开关操作切换两个电路。c 型触点开关如图 4-27 所示。

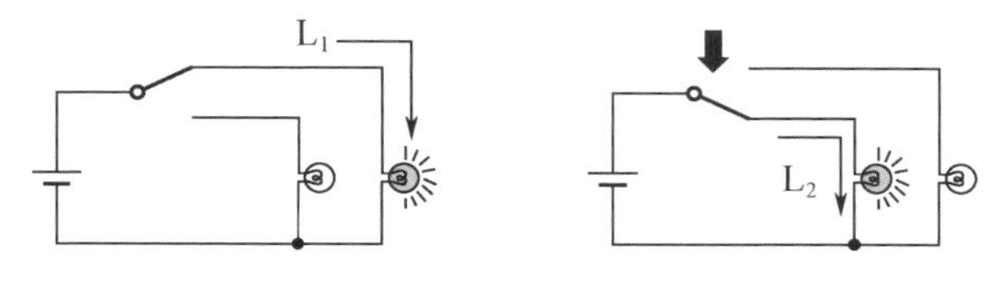

图 4-27　c 型触点开关

常见的开关有单控开关、双控开关、多控开关、调光开关、调速开关、门铃开关、感应开关、触摸开关、遥控开关、智能开关、插卡取电开关、浴霸专用开关等。

三、常见的开关

1. 家用 86 式面板开关

如今，家庭和办公场所最常用到的开关是面板开关，因安装底盒（暗装）尺寸多为

86mm× 86mm×16.5mm，故称为 86 式面板开关，如图 4-28 所示。

图 4-28　86 式面板开关

面板开关按开关数量可分为单开开关、双开开关、3 开开关、4 开开关、5 开开关等；按控制灯的方式可分为单控（a 型）开关、双控（c 型）开关等。组合起来就有单开双控开关、单开单控开关、双开双控开关、双开单控开关等。图 4-29 所示为单控开关与双控开关的安装示意图。

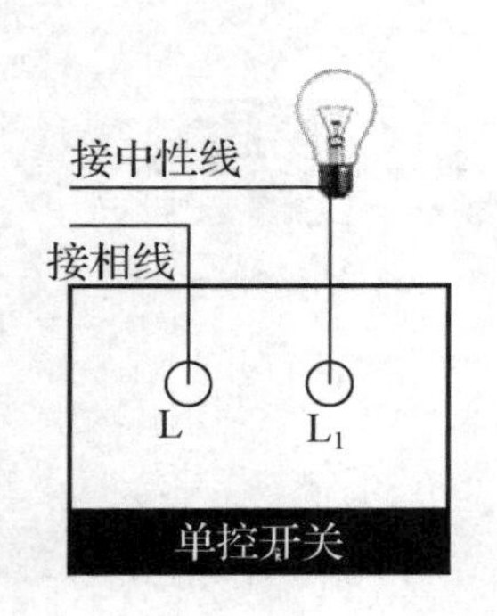

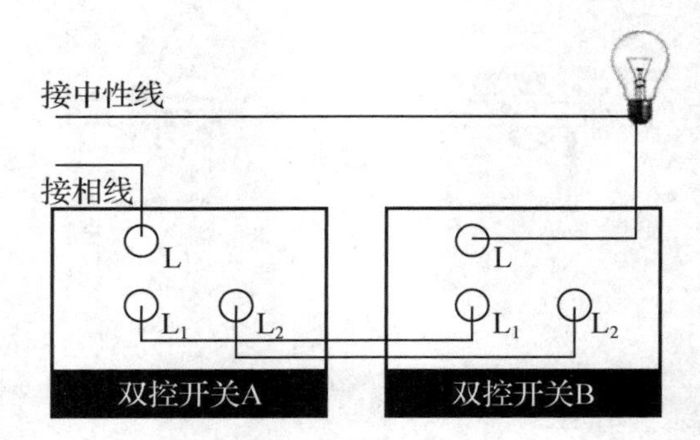

图 4-29　单控开关与双控开关的安装示意图

单控开关和双控开关的区分方法如下。

（1）外观上的区别。

单控开关只有 2 个接线柱，而双控开关有 3 个接线柱。

（2）用法上的区别。

单控开关指一个开关控制一盏灯；双控开关指在两个不同地方的开关控制同一盏灯，如客厅、楼梯等位置，实现随意扳动任何一个开关，都能实现开/关灯的目的。

想一想： 双控开关能用作单控开关吗？单控开关能用作双控开关吗？

图 4-30　常见的按键开关

2．按键开关

按键开关主要指轻触式按键开关，也称轻触开关。利用金属簧片作为开关接触片的开关称为按键开关，接触电阻小，手感好，有“滴答”的清脆声。

关于 4 脚按键开关的脚位问题：2 个引脚为一组，向开关体正确施压时，4 个引脚相互导通。常见的按键开关如图 4-30 所示。

四、常见的焊点缺陷分析（补充）

常见的焊点缺陷如图 4-31 所示。

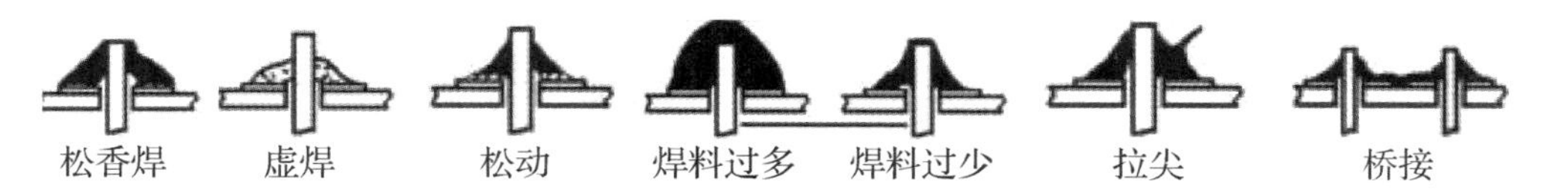

图 4-31　常见的焊点缺陷

（1）松香焊：焊缝中夹有松香渣。

危害：强度不足，导通不良，有可能时通时断。

原因分析：①焊机已失效；②焊接时间不足，加热不足。③表面氧化膜未去除。

（2）虚焊：焊锡与元器件引线或与铜箔之间有明显黑色界线，焊锡向界线凹陷。

危害：不能正常工作。

原因分析：①元器件引线未清洁好，未镀好锡或被氧化；②印制电路板未清洁好，喷涂的助焊剂质量不好。

（3）松动：导线或元器件引线可移动。

危害：导通不良或不导通。

原因分析：①焊锡未凝固前引线移动造成空隙；②引线未处理好（浸润差或未浸润）。

（4）焊料过多：焊料面呈凸形。

危害：浪费焊料，且可能包藏缺陷。

原因分析：焊锡撤离过迟。

（5）焊料过少：焊接面积小于焊盘面积的 80%，焊料未形成平滑的过渡面。

危害：机械强度不足。

原因分析：①焊锡流动性差或焊锡撤离过早；②助焊剂不足；③焊接时间太短。

（6）拉尖：出现尖端。

危害：外观不佳，容易造成桥接现象。

原因分析：①助焊剂过少，而加热时间过长；②电烙铁撤离角度不当。

（7）桥接：相邻导线连接。

危害：电气短路。

原因分析：①焊锡过多；②电烙铁撤离角度不当。

【实训任务】

1．电路图

焊接电路图如图 4-32 所示。

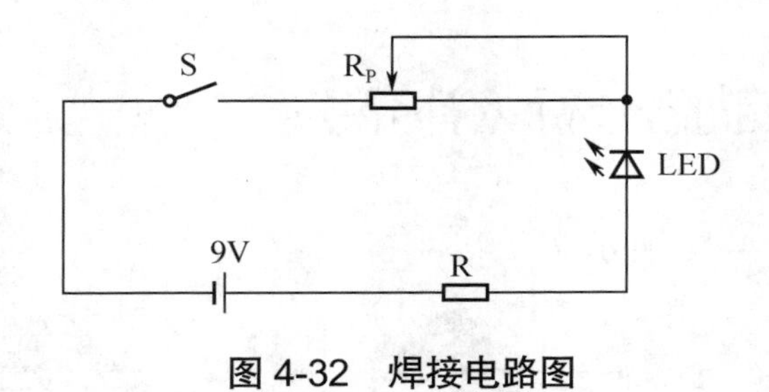

图 4-32　焊接电路图

2．元器件表

焊接电路的元器件如表 4-3 所示。

表 4-3　焊接电路的元器件

符　　号	名　　称	规　　格	功　　能
9V	电池	9V	电源
	电池帽	专用	连接电池
	鳄鱼夹和连接导线	一对	连接电路
S	按键开关	轻触	控制电路
R	色环电阻	470Ω	限流电阻
R_P	电位器	10kΩ	调节 LED 的亮度
LED	发光二极管	5mm 红色发光二极管	显示作用

3．用面包板搭接电路

从电源的正极出发，依次按电路图将电子元器件搭接在面包板上，注意以下几个方面。

（1）注意面包板横竖方向的连通与否。

（2）注意按键开关的接线方向。

（3）尽量少用导线。

（4）调试，看是否能实现电路分析的效果，并填写表 4-4。

表 4-4　搭接效果表

序　　号	项　　目	时　　长	连接导线数量	学 生 自 评	组 长 评 价
1	搭接电路				

姓名：　　　　　　组名：　　　　　　组长签名：

4．用万能板焊接电路

（1）按电路图在图 4-33 所示的单孔万能板中绘制元器件排列的布局图。

（2）按工艺要求对元器件的引脚进行成形加工。

（3）按布局图在单孔万能板上依次进行元器件的排列、插装。

（4）按焊接工艺要求对元器件进行焊接，直到所有元器件连接并焊完为止。

（5）焊接电源输入端子。

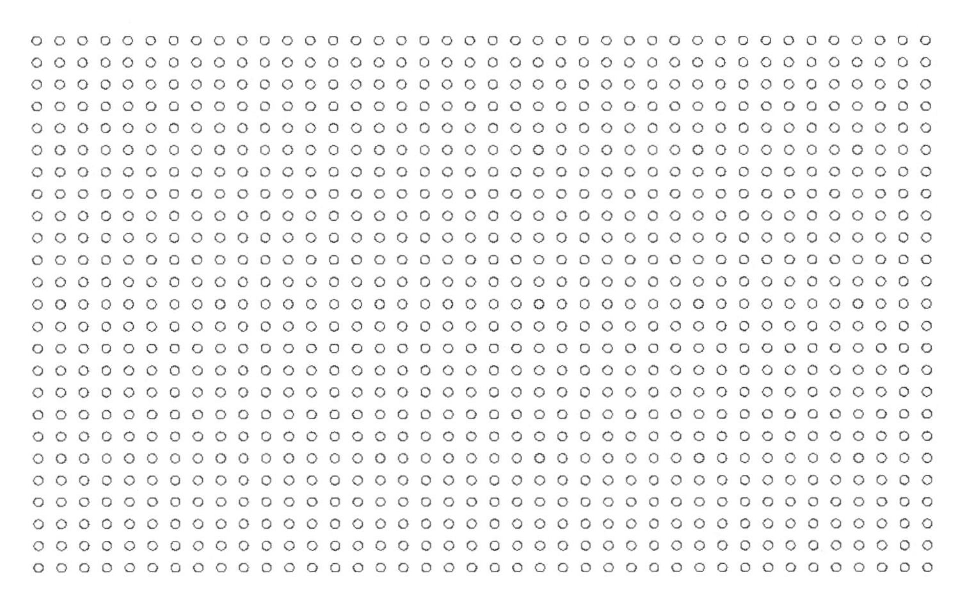

图 4-33　单孔万能板

焊接要求：

（1）色环电阻采用卧式插装，电容和发光二极管采用立式插装，按键开关紧贴万能板插装。

（2）元器件的排列与布局以合理、美观为标准，连接合理，少用或不用跳线。

（3）注意二极管和电解电容的极性，电源输入端子可使用剪下来的元器件引脚。

调试并检查焊接效果，填写表 4-5。

表 4-5　焊接效果表

序　号	项　目	数　据	学生自评	组长评价
1	焊接时间			
2	损坏万能板铜箔数			
3	焊接工艺评价			

姓名：　　　　组名：　　　　组长签名：

【课后练习题】

一、选择题

1. 没有按下开关时，两个触点处于断开状态；按下开关后，两个触点就处于导通状态，这种开关称为（　　）。

A．a 型触点开关　B．b 型触点开关　C．c 型触点开关　D．d 型触点开关

2．没有按下开关时，两个触点处于导通状态；按下开关后，两个触点就处于断开状态，这种开关称为（　　）。

A．a 型触点开关　B．b 型触点开关　C．c 型触点开关　D．d 型触点开关

3．（　　）有 3 个端子，分别是共同端子（COM）、常闭端子（NC）和常开端子（NO）。没有按下开关时，共同端子和常闭端子导通；按下开关后，共同端子和常开端子导通。

A．a 型触点开关　B．b 型触点开关　C．c 型触点开关　D．d 型触点开关

4．常见的开关中有两种符号，其中“I”表示（　　），“O”表示（　　）。

A．开，开　B．开，关　C．关，开　D．关，关

5．我们需要在两个地方控制同一盏灯时，应该选择两个（　　）。

A．单控开关　B．双控开关　C．单开开关　D．双开开关

二、填空题

1．开关的“ON”代表数字“1”，相当于电平信号通，表示________________；“OFF”代表数字“0”，相当于电平信号断，表示________________。

2．开关的常见英文符号：刀开关________________，按钮开关________________，控制开关________________。

三、画图题

1．画出开关的电路符号。

2．画出联动开关的电路符号。

3．画出按钮开关的电路符号。

任务四　搭接并焊接小电路

一、电路图

图 4-34 所示为开关控制小电路，通过使用开关，可以产生独特的电路效果。

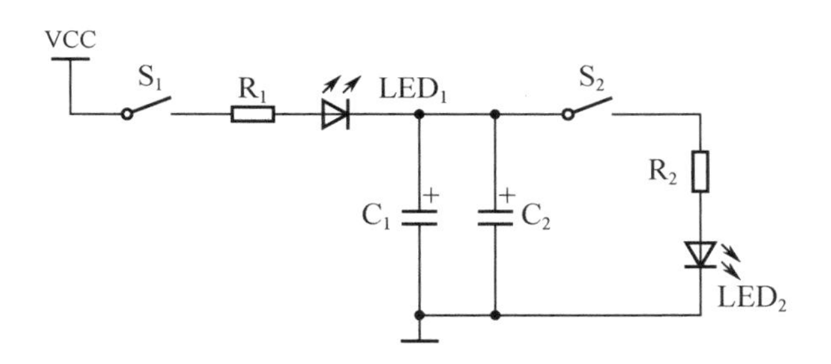

图 4-34　开关控制小电路

二、电子元器件表

开关控制小电路中的电子元器件如表 4-6 所示。

表 4-6　开关控制小电路中的电子元器件

符　　号	名　　称	数　　量	规　　格	功　　能
VCC	电池	1	9V	电源
	电池帽	1	专用	连接电池
	鳄鱼夹和连接导线	1	一对	连接电路
S_1	按键开关	1	轻触	控制电路
S_2	按键开关	1	轻触	控制电路
R_1	色环电阻（1/4W）	1	470Ω	限流电阻
R_2	色环电阻（1/4W）	1	2kΩ	限流电阻
LED_1	发光二极管	1	3mm 红色发光二极管	观察电流方向
LED_2	发光二极管	1	3mm 绿色发光二极管	观察电流方向
C_1	电解电容	1	20μF	充/放电
C_2	电解电容	1	470μF	充/放电

三、电路分析

本电路是展示电容充电和放电的一个电路。

1. 电容充电

按下按键开关 S_1 保持接通，电池正极接通分压电阻 R_1，点亮发光二极管 LED_1，向电容 C_1 和 C_2 充电。

充电电流慢慢减小，发光二极管 LED_1 的亮度变低至熄灭，表示电流已经够小，不足以点亮发光二极管了。松开按键开关 S_1，再按下按键开关 S_1，发光二极管 LED_1 无任何反应，表示电容 C_1 和 C_2 充电结束。

2. 电容放电

按下按键开关 S_2 保持接通，已充电的电容 C_1 和 C_2 开始放电，经过分压电阻 R_2，点亮发光二极管 LED_2，回到电池负极。

放电电流慢慢减小，发光二极管 LED_2 的亮度变低至熄灭，表示电流已经够小，不足以点亮发光二极管了。松开按键开关 S_2，再按下按键开关 S_2，发光二极管 LED_2 无任何反应，表示电容 C_1 和 C_2 放电结束。

【实训任务】

1. 用面包板搭接电路

用面包板搭接电路，并填写表 4-7。

表 4-7　搭接效果表

序　号	项　目	时　长	连接导线数量	学生自评	组长评价
1	第一次搭接				

姓名：　　　　组名：　　　　组长签名：

想一想：元器件的参数可否进行修改，会有怎样的效果？

2. 用万能板焊接电路

（1）按电路图在图 4-35 所示的单孔万能板中绘制元器件排列的布局图。

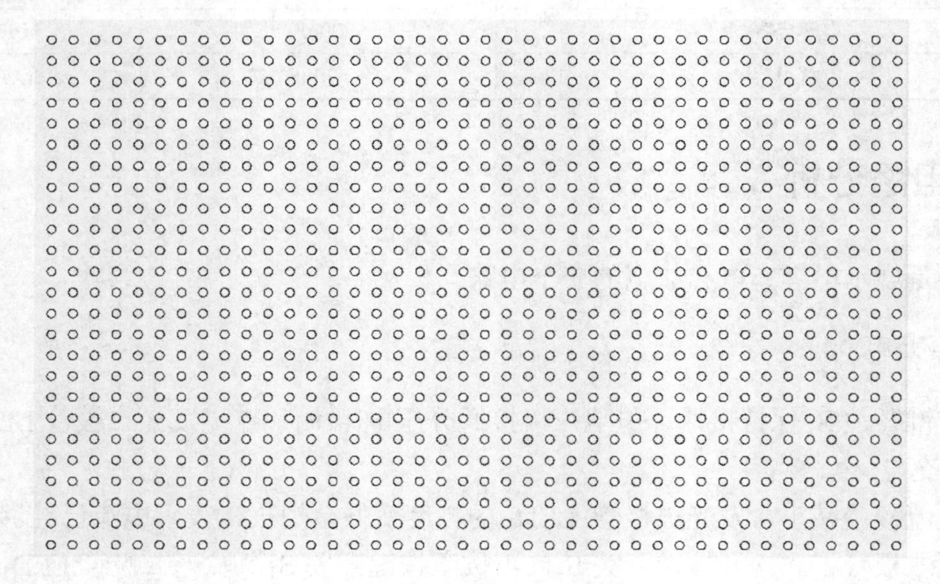

图 4-35　单孔万能板

调试并检查焊接效果，填写表 4-8。

表 4-8　焊接效果表

序　　号	项　　目	数　　据	学 生 自 评	组 长 评 价
1	焊接时间			
2	损坏万能板铜箔数			
3	焊接工艺评价			

姓名：　　　　　　组名：　　　　　　组长签名：

【课后练习题】

画出本任务的电路图。

项目五

学习三极管

任务一　认识三极管

生活中，授课、集会、维持秩序等场合需要用到扩音器、音响等设备，这些设备之所以能够放大声音，是因为它们都包含放大器，而放大器的核心部件就是三极管。

三极管是电子电路的核心器件，又被称为半导体三极管，也称为双极型晶体管、晶体三极管，是一种控制电流的半导体器件。三极管的英文符号一般用 VT 表示。三极管的作用是把微弱信号放大成幅值较大的电信号，也用于无触点开关。

一、三极管的结构

与二极管类似，三极管也是由 PN 结构成的，它的内部包含 2 个 PN 结，这 2 个 PN 结由 3 块半导体构成。

1．三极管的结构分类

根据 3 块半导体不同的排列方式，三极管可以分成 NPN 型三极管和 PNP 型三极管。

NPN 型三极管由 2 块 N 型半导体和 1 块 P 型半导体组成，P 型半导体在中间，2 块 N 型半导体在两侧。

PNP 型三极管由 2 块 P 型半导体和 1 块 N 型半导体组成，N 型半导体在中间，2 块 P 型半导体在两侧。

三极管的结构和电路符号如图 5-1 所示。

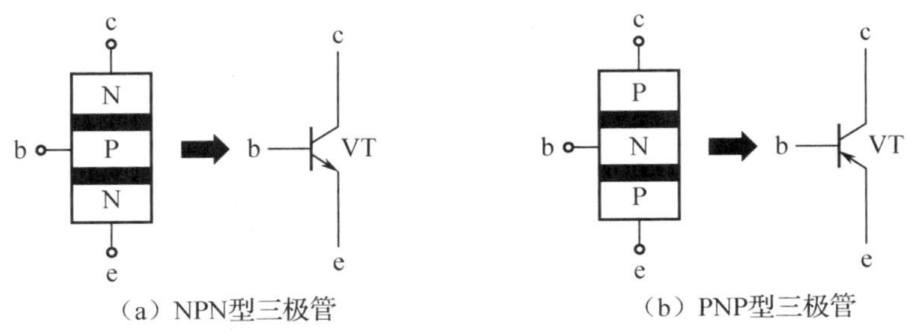

（a）NPN型三极管　　（b）PNP型三极管

图 5-1　三极管的结构和电路符号

2. 三极管的结构组成

NPN 型三极管和 PNP 型三极管都由 3 块半导体组成。三极管有 3 个区，分别是发射区、基区、集电区；有 2 个 PN 结，分别是发射结（发射区与基区之间的 PN 结）、集电结（基区与集电区之间的 PN 结）；有 3 个电极，分别是发射极（e）、基极（b）和集电极（c）。

3. 三极管的工艺特点

三极管具有如下工艺特点：一是发射区的掺杂浓度高，为了方便发射结发射电子，发射区的掺杂浓度高于基区的掺杂浓度，且发射结的面积较小；二是基区很薄（3～30μm），掺杂浓度低；三是集电结的面积大，集电区与发射区为同一性质的掺杂半导体，但集电区的掺杂浓度低，面积大，便于收集电子。

图 5-2 所示为 NPN 型三极管的结构剖面图。

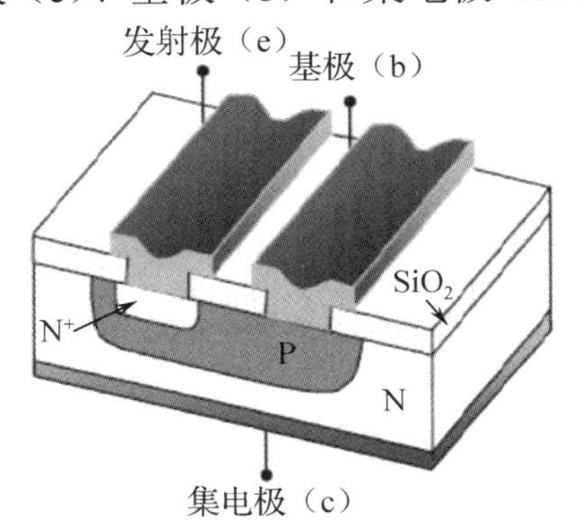

图 5-2　NPN 型三极管的结构剖面图

注：三极管不是 2 个 PN 结的简单拼凑，2 个二极管是组成不了 1 个三极管的。

二、三极管各电极电流的关系

1. 电流叠加关系

如图 5-3 所示，NPN 型三极管的电流是从基极和集电极流入、从发射极流出的，PNP 型三极管的电流是从发射极流入、从基极和集电极流出的，由此可见，三极管各电极电流之间的关系为

$$I_E = I_B + I_C$$

（a）NPN型三极管　　（b）PNP型三极管

图 5-3　三极管各电极电流的关系

2．电流放大关系

在理想状态下，在基极补充一个很小的 I_B，就可以在集电极上得到一个较大的 I_C，这就是所谓的电流放大作用，I_B 与 I_C 之间维持一定的比例关系。三极管电流放大示意图如图 5-4 所示。

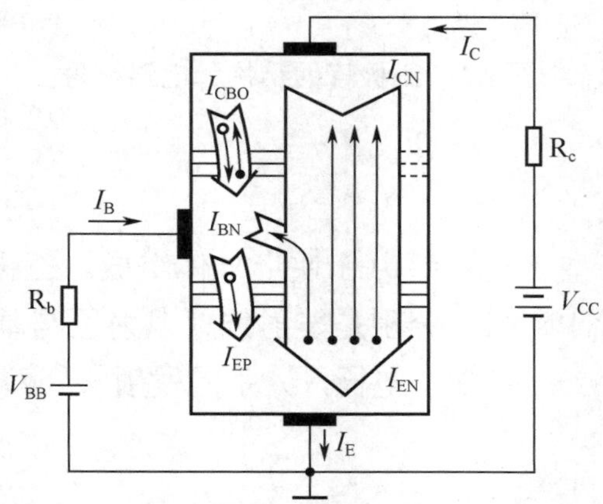

图 5-4　三极管电流放大示意图

h_{FE} 是三极管的直流放大倍数，即在静态（无变化信号输入）情况下，三极管 I_C 与 I_B 的比值，计算公式为

$$h_{FE} = \frac{I_C}{I_B}$$

输入低频交流信号时，三极管的电流放大倍数 $\beta = \Delta I_C / \Delta I_B$，与直流放大倍数 h_{FE} 的数值相差不大，所以有时为了方便起见，对两者不做严格区分。β 值为几十至一百多。

三、常见的三极管

三极管的应用十分广泛，种类繁多，其分类方式如下。

1．按功率分类

根据功率的不同，三极管可分为小功率三极管、中功率三极管和大功率三极管。

图 5-5（a）和图 5-5（b）所示为小功率三极管，图 5-5（c）所示为中功率三极管，图 5-5（d）所示为大功率三极管。

（a）　（b）　（c）　（d）

图 5-5　不同功率的三极管

2. 按工作频率分类

根据工作频率的不同，三极管可分为低频三极管和高频三极管。工作频率低于 3MHz 的三极管一般称为低频三极管，工作频率高于或等于 3MHz 的三极管一般称为高频三极管。

高频三极管一般用在 VHF（甚高频）、UHF（超高频）、无线遥控、射频模块等高频宽带低噪声放大器上；低频三极管一般用在低频电路和功率放大电路上。例如，无线电信号被高频三极管放大后，经过各种处理分离出音频信号，这时用低频三极管把音频信号放大后驱动扬声器振动，声音才能被人听到。

3. 按结构分类

根据结构的不同，三极管可分为 NPN 型三极管和 PNP 型三极管。图 5-6 所示为两种三极管方位变换的画法。

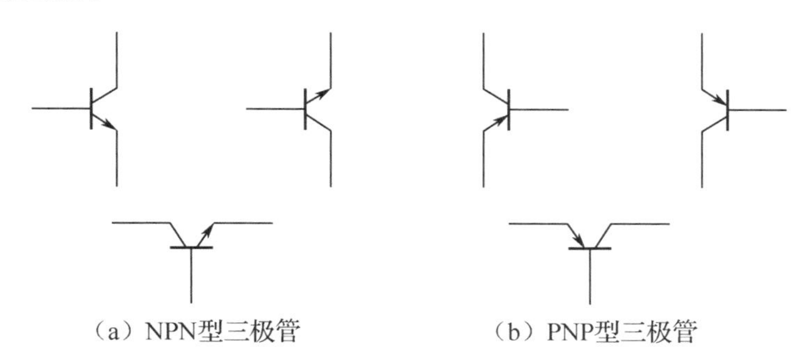

（a）NPN型三极管　　（b）PNP型三极管

图 5-6　两种三极管方位变换的画法

4. 其他分类

根据封装形式的不同，三极管的外形结构和尺寸有很多种；根据封装材料的不同，三极管可分为金属封装型三极管和塑料封装型三极管；根据 PN 结材料的不同，三极管可分为锗三极管和硅三极管。除此之外，还可分为专用三极管和特殊三极管。

【实训任务】

根据 PN 结的特点测量三极管，并确定它的型号（NPN 型/PNP 型），将结果填入表 5-1。

表 5-1　测量确定三极管型号

序　　号	三极管标识	三极管型号	三极管的基极位置
1			
2			
3			

【课后练习题】

一、选择题

1．三极管一般用英文符号（　　）表示。

A．R_P　　B．SB　　C．VD　　D．VT

2．根据结构的不同，三极管可分为NPN型三极管和（　　）型三极管。

A．NNP　　B．NPP　　C．PPN　　D．PNP

3．h_{FE}是三极管的直流放大倍数，即在静态（无变化信号输入）情况下，三极管I_C与I_B的比值，计算公式为（　　）。

A．$h_{FE}=I_C \cdot I_B$　　B．$h_{FE}=I_C+I_B$　　C．$h_{FE}=I_C/I_B$　　D．$h_{FE}=I_C-I_B$

4．NPN型三极管的电流是从基极和集电极流入、从发射极流出的，PNP型三极管的电流是从发射极流入、从基极和集电极流出的，由此可见，三极管各电极电流之间的关系为（　　）。

A．$I_E=I_C \cdot I_B$　　B．$I_E=I_C+I_B$　　C．$I_E=I_C/I_B$　　D．$I_E=I_C-I_B$

5．根据功率的不同，三极管可分为（　　）。

A．小功率三极管、中功率三极管和大功率三极管

B．小功率三极管、中功率三极管和超大功率三极管

C．小功率三极管、大功率三极管和超大功率三极管

D．微功率三极管、中功率三极管和大功率三极管

二、填空题

1．三极管有3个区，分别是__________、__________、__________；有2个PN结，分别是发射结（发射区与基区之间的PN结）、集电结（基区与集电区之间的PN结）；有3个电极，分别是__________、__________和__________。

2．三极管的b极为______________、c极为______________、e极为______________。

3．如右图所示，该三极管是________功率三极管。

三、画图题

1．画出NPN型三极管的电路符号，并分别标注b、c、e三个电极。

2．画出PNP型三极管的电路符号，并分别标注b、c、e三个电极。

任务二 三极管的特性及测量

一、三极管的特性

三极管的特性曲线是反映三极管各电极的电压和电流之间相互关系的曲线，是用来描述三极管工作特性的曲线。

下面以图 5-7 所示的共发射极电路为例来分析三极管的特性曲线。

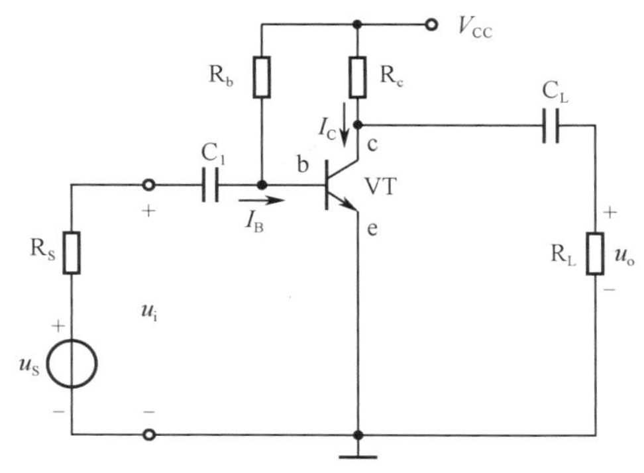

图 5-7 共发射极电路

三极管的输出特性曲线是指当基极电流 I_B 为常数时，输出电路（集电极电路）中集电极电流 I_C 与集射极电压 U_{CE} 之间的关系曲线，关系式为 $I_C = f\ U_{CE}$。在不同的 I_B 下，可得出不同的曲线，所以三极管的输出特性曲线是一组曲线。三极管有 3 种工作状态，因而输出特性曲线分为 3 个工作区，如图 5-8 所示。

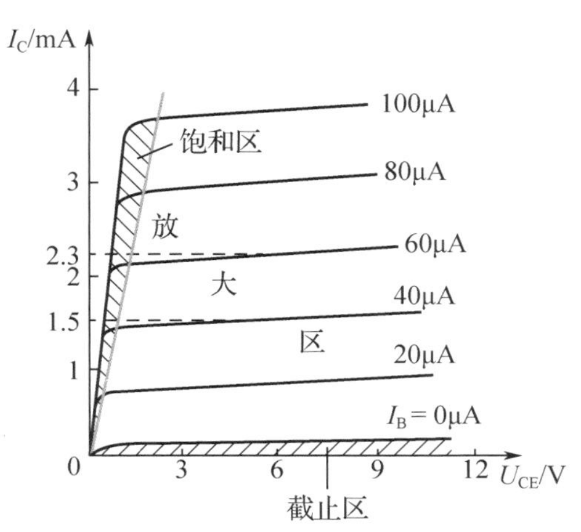

图 5-8 三极管的输出特性曲线

图 5-8 所示的曲线是基极电流 I_B 一定时，三极管输出电压 U_{CE} 与电流 I_C 之间的关系曲线。三极管的输出特性曲线通常分为以下 3 个区域。

1. 截止区

该区域包括 $I_B=0$ 及 $I_B<0$（I_B 与原方向相反）的一组工作曲线。当 $I_B=0$、$I_C=I_{CEO}$（称为穿透电流）时，在常温下 I_C 很小。在该区域中，三极管的两个 PN 结均反向偏置，即使 U_{CE} 较高，三极管中的 I_C 却很小，此时的三极管相当于一个开关的开路状态。

2. 饱和区

该区域中 U_{CE} 的数值很小，$U_{BE}>U_{CE}$，此时三极管的两个 PN 结均正向偏置，集电结失去了收集某区电子的能力，I_C 不再受 I_B 控制。在这个区域 I_C 随 U_{CE} 的增加而很快增大。U_{CE} 对 I_C 的控制作用很大，此时的三极管相当于一个开关的接通状态。

3. 放大区

该区域中三极管的发射结正向偏置，而集电结反向偏置。当 $U_{CE}>U_{BE}$ 时，曲线基本上是平直的，U_{CE} 的变化对 I_C 影响很小，即当 I_B 一定时，I_C 几乎不随 U_{CE} 变化；当 I_B 变化时，I_C 按比例变化，也就是说，I_C 受 I_B 控制，并且 I_C 的变化比 I_B 的变化大很多，ΔI_C 和 ΔI_B 成正比，两者之间具有线性关系，因此该区域又称线性区。在放大电路中，必须使三极管工作在放大区。

由三极管的 3 种工作状态产生了三极管的两个应用场合——放大电路和开关电路。

二、确定三极管的类型和引脚

将三极管应用在电路中时，不仅需要确定三极管的类型是 NPN 型还是 PNP 型，还需要确定三极管的 3 个电极，即发射极（e）、基极（b）和集电极（c）。只有先确定三极管的类型和引脚，才能实现三极管在电路中的放大作用或开关作用。两种三极管的 PN 结关系如图 5-9 所示。

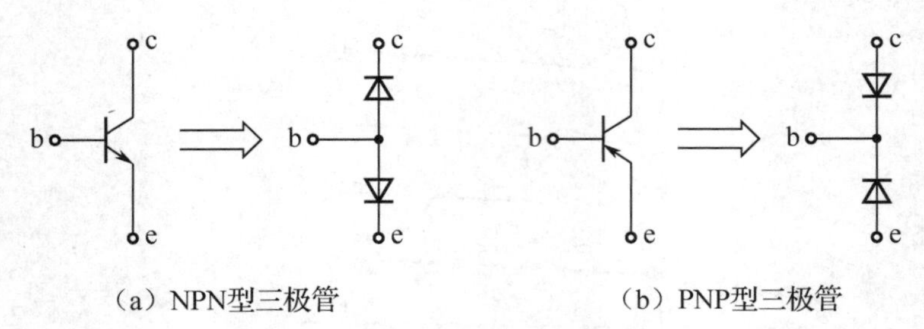

（a）NPN型三极管　　（b）PNP型三极管

图 5-9　两种三极管的 PN 结关系

确定三极管的类型和引脚有以下 3 种方式。

1. 手册查询

根据三极管的型号查找相关三极管的手册，就可以确定三极管的类型和引脚。

如图 5-10 所示，通过手册可以得知：

（1）三极管 S9013 的类型为 NPN 型。

（2）1 为发射极（e），2 为基极（b），3 为集电极（c）。

（3）三极管的工作电压、放大倍数（图 5-10 中无显示）等。

JIANGSU CHANGJIANG ELECTRONICS TECHNOLOGY CO., LTD

TO-92 Plastic-Encapsulate Transistors

S9013 TRANSISTOR (NPN)

FEATURES

- Complementary to S9012
- Excellent h_{FE} linearity

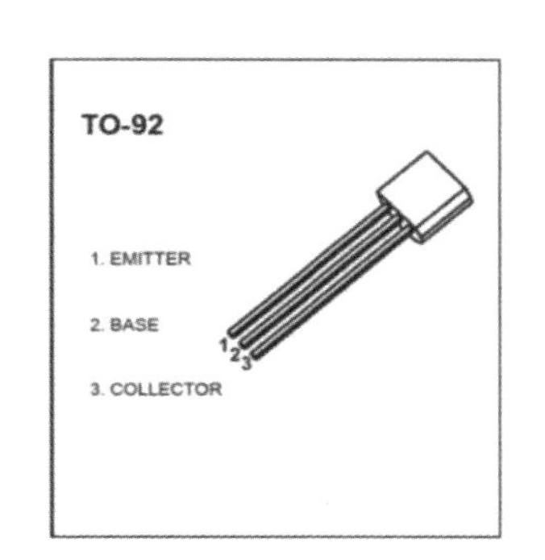

MAXIMUM RATINGS (T_a=25℃ unless otherwise noted)

Symbol	Parameter	Value	Units
V_{CBO}	Collector-Base Voltage	40	V
V_{CEO}	Collector-Emitter Voltage	25	V
V_{EBO}	Emitter-Base Voltage	5	V
I_C	Collector Current -Continuous	500	mA
P_C	Collector Dissipation	625	mW
T_J	Junction Temperature	150	℃
T_{stg}	Storage Temperature	-55-150	℃

图 5-10　三极管 S9013 的应用手册

2．通过外形

如图 5-11 所示，也可以通过三极管外形对三极管的各个引脚进行初步判断。但还需要进一步测量，才能确定三极管的类型和引脚。

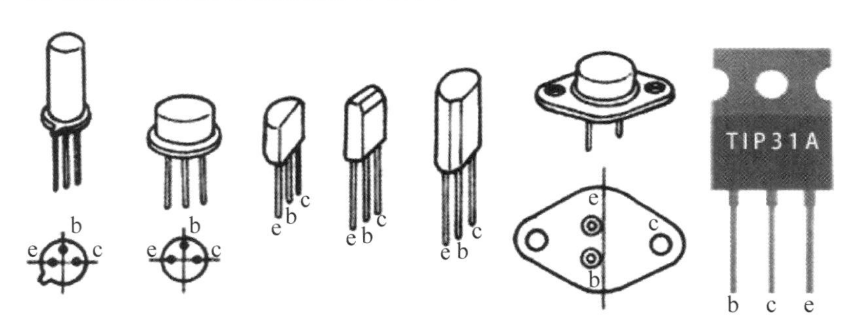

图 5-11　常用三极管的外形及引脚排列

3．万用表测量确定

根据三极管的两个 PN 结都具有单向导电的特点，可以利用万用表的电阻挡（或二极管挡）来确定三极管的属性及基极的位置；可以借助电阻来确定三极管的集电极和发射极，但一般不推荐；可以利用数字万用表的 hFE 挡和 8 孔测试口（见图 5-12）来确定三极管的类型、接口及直流放大倍数 h_{FE}。

图 5-12　数字万用表的 hFE 挡和 8 孔测试口

三、测量方法

1．初步确定基极

通过三极管的外形可以初步确定三极管的基极引脚位置，但还需要用数字万用表来进一步验证。

2．确定基极和类型

将数字万用表转换开关旋至二极管（蜂鸣）挡，红、黑表笔分别接 VΩ、COM 接口。

（1）将黑表笔接初步确定的基极引脚位置，红表笔接另外两个引脚，如果表显示通（硅管正向压降在 0.6V 左右），表示初步确定的基极引脚位置正确，且该三极管为 PNP 型三极管。

（2）将红表笔接初步确定的基极引脚位置，黑表笔接另外两个引脚，如果表显示通（硅管正向压降在 0.6V 左右），表示初步确定的基极引脚位置正确，且该三极管为 NPN 型三极管。

（3）如果没有上面的现象，表示初步确定的基极引脚位置错误，需要假设另一引脚为基极，再进行尝试。

3．确定集电极、发射极和 h_{FE}

将数字万用表转换开关旋至 hFE 挡。

按确认的三极管类型，再根据被测量三极管的基极引脚，插入数字万用表面板上 8 孔测试口的其中 3 个孔位。如果连接正确，万用表上会显示 h_{FE} 值，根据对应口的标识，可以确定基极、集电极、发射极 3 个电极及三极管的直流放大倍数 h_{FE}。

【实训任务】

通过上面介绍的方法确定三极管的各项参数，并填写表 5-2。

表 5-2　确定三极管的参数

序　号	三极管标识	三极管型号	基极位置	发射极位置	集电极位置	h_{FE}
1						
2						
3						

【课后练习题】

一、选择题

1．三极管的输出特性曲线是指当基极电流 I_B 为常数时，输出电路（集电极电路）中集电极电流 I_C 与集射极电压 U_{CE} 之间的关系曲线，关系式为（　　）。

A．$I_C = f I_B$　　B．$I_B = f U_{CE}$

C．$I_C = f U_{CE}$　　D．$I_B = f I_C$

2．三极管的输出特性曲线通常分为 3 个区域，分别为（　　）。

A．集电极、发射极、基极　　B．集电结、发射结、PN 结

C．集电区、发射区、基区　　D．饱和区、截止区、放大区

3．下面确定三极管引脚的方法中，（　　）不是特别可靠。

A．用数字万用表测量　　B．用指针万用表测量

C．根据三极管的外形确定　　D．查三极管对应型号的手册

4．用数字万用表的二极管（蜂鸣）挡，能最先确认的三极管的引脚是（　　）。

A．基极　　B．集电极　　C．发射极　　D．不能确认

5．用数字万用表的二极管（蜂鸣）挡测量三极管，红表笔接三极管的其中一个引脚 A，黑表笔接另外两个引脚时，万用表均有数字显示，则表示引脚 A 为三极管的（　　），该三极管为（　　）。

A．发射极，NPN 型三极管　　B．发射极，PNP 型三极管

C．基极，NPN 型三极管　　D．基极，PNP 型三极管

二、填空题

1．用数字万用表测量三极管，确定基极和类型后，一般将万用表的挡位旋至________挡，该符号一般表示三极管的直流放大倍数，通过专门的 8 孔测试口来确定三极管的引脚。

2．由三极管的 3 种工作状态产生了三极管的两个应用场合：____________________电路和____________________电路。

任务三　三极管的放大电路

三极管的放大作用是在三极管输入端输入一个幅度较小的信号（这个信号可以是电压信号或电流信号），三极管可以按照输入信号的变化规律将其转换为幅度较大的信号。三极管的放大作用用途很广，比如可以将话筒输出的微弱音频信号放大后驱动扬声器工作，可以将红外遥控信号放大后驱动风扇电机工作。

一、偏置电压

偏置电压可以说成待机电压，给基极施加一个电压，使三极管随时能起到正常工作状态下的放大作用。

图 5-13 展示了一个由三极管构成的单管放大电路，R_b 是三极管的基极偏置电阻，其作用是给三极管提供一个合适的直流偏压，使三极管能够正常放大信号。假定该放大器的放大倍数为 50，那么在放大器的输入端输入 2mV 的微弱信号，经三极管放大后，在其输出端便可以输出一个 100mV 的放大信号，如果该信号再经放大器放大，就可以获得幅度更大的信号，这就是三极管的放大作用。

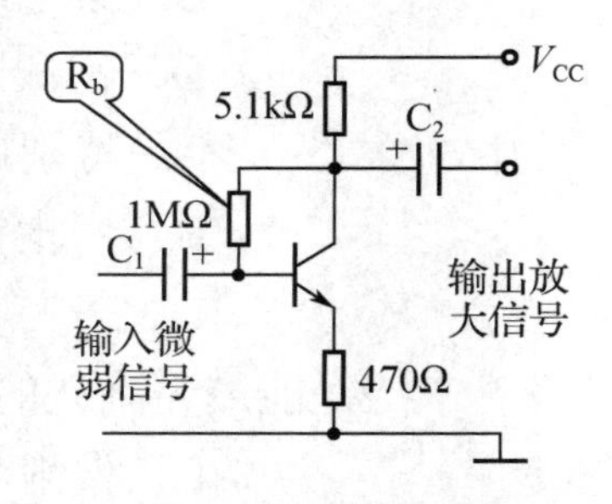

图 5-13　三极管放大电路

二、共发射极三极管放大电路

如图 5-14 所示，交流信号从基极输入，从集电极输出，发射极为公共极。

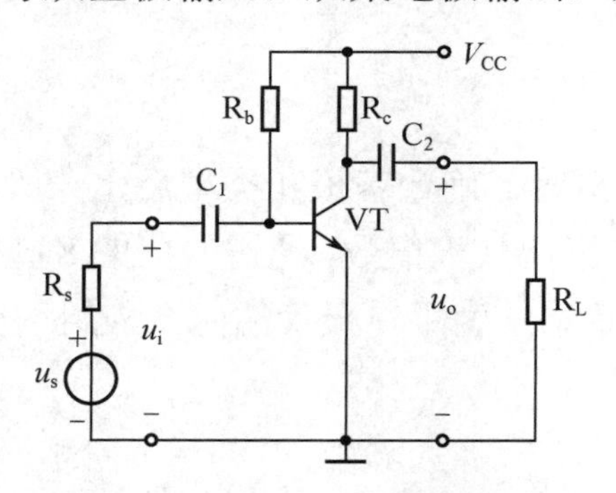

图 5-14　共发射极三极管放大电路

特点：输出电压与输入电压相位相反，一般用于多级放大电路的中间级。

三、共集电极三极管放大电路

如图 5-15 所示，交流信号从基极输入，从发射极输出，集电极为公共极。共集电极三极管放大电路又称射极跟随器。

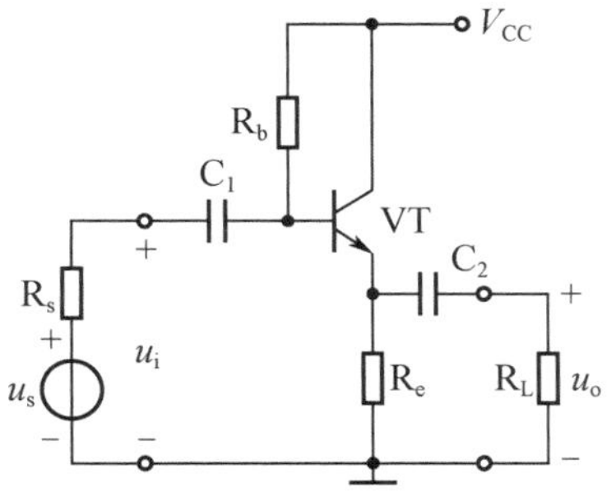

图 5-15　共集电极三极管放大电路

特点：电流放大，电压跟随，输入阻抗大，输出阻抗小，多用于多级放大电路的输入级、输出级、缓冲级。

四、共基极三极管放大电路

如图 5-16 所示，交流信号从发射极输入，从集电极输出，基极为公共极。

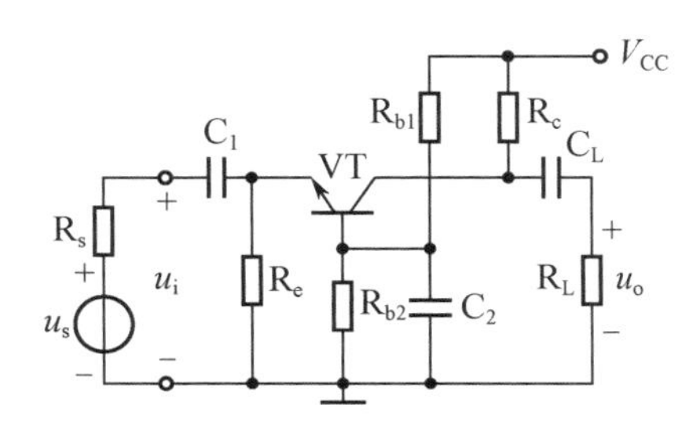

图 5-16　共基极三极管放大电路

特点：输入电压与输出电压同相，电压增益高，电流增益低；输入阻抗小，信号衰减严重，不适合用作电压放大器；频宽很大，常用作宽频、高频放大器和恒流源电路。

【实训任务】

（1）画出共基极三极管放大电路。

（2）画出共发射极三极管放大电路。

注：判断三极管放大电路的方法如下。

三极管放大电路有一个输入回路和一个输出回路，想要构成一个回路，每一个回路都需要两个引脚，但是三极管只有三个引脚，那么这三个引脚中必定有一个引脚要被输入回路和输出回路共用，所以，哪一个引脚被共用，这个三极管放大电路就是该引脚所对应电极的放大电路。

【课后练习题】

一、选择题

1. 共发射极三极管放大电路的特点是输出电压与输入电压相位相反，一般用于多级放大电路的（　　）。

A. 输入级　　B. 输出级　　C. 中间级　　D. 缓冲级

2. 共集电极三极管放大电路的特点是电流放大，电压跟随，输入阻抗大，输出阻抗小，多用于多级放大电路的（　　）。

A. 输入级、中间级、缓冲级　　B. 输入级、输出级、中间级

C. 输入级、输出级、缓冲级　　D. 中间级、输出级、缓冲级

3. 共基极三极管放大电路的特点是输入电压与输出电压同相，电压增益高，电流增益低；输入阻抗小，信号衰减严重，不适合用作电压放大器；频宽很大，常用作（　　）。

A. 宽频、低频放大器和恒流源电路　　B. 宽频、高频放大器和恒流源电路

C. 窄频、高频放大器和恒流源电路　　D. 窄频、低频放大器和恒流源电路

二、画图题

画出共集电极三极管放大电路。

任务四　搭接并焊接三极管的小电路

一、电路图

图 5-17 所示为三极管电路图，该电路可实现电路的放大功能。

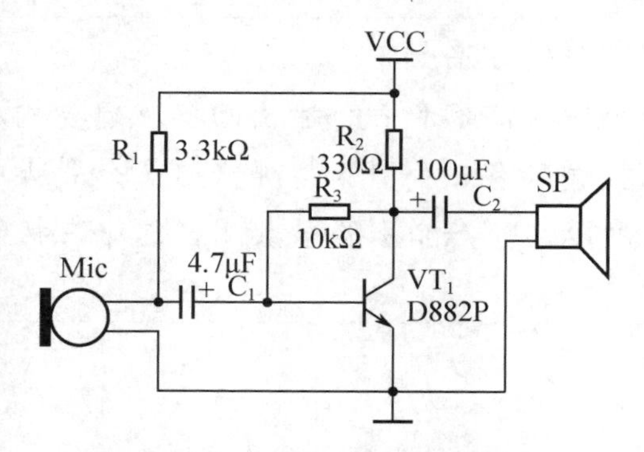

图 5-17　三极管电路图

二、电子元器件表

三极管电路中的电子元器件如表 5-3 所示。

表 5-3 三极管电路中的电子元器件

符　号	名　称	数　量	规　格	功　能
VCC	电池	1	9V	电源
	电池帽	1	专用	连接电池
	鳄鱼夹和连接导线	1	一对	连接电路
Mic	驻极体传声器	1	ϕ6mm	音频输入
SP	扬声器	1	8Ω，0.5W	音频输出
VT	三极管	1	D882P	功率放大
R_1	1/4W 色环电阻	1	3.3kΩ	限流电阻
R_2	1/4W 色环电阻	1	330Ω	限流电阻
R_3	1/4W 色环电阻	1	10kΩ	偏置电阻
C_1	电解电容	1	4.7μF（25V）	音频输入耦合电容
C_2	电解电容	1	100μF（25V）	音频输出耦合电容

三、电路分析

在图 5-17 中，音频的输入使 Mic 的阻值变化，从电源正极经过 R_1 和 Mic 到接地端的电流也将随之变化，从而使 C_1 的负极出现连续的不间断的电压变化。

电容在不停充电、放电的过程中，将 Mic 两端的电压变化传递到了 C_1 的正极，也就是说，连续变化的电压（电流）可以通过电容；在直流电路中，电容对直流呈现的容抗为无穷大，从而阻碍直流电通过。这个特性称为电容的通交（流）隔直（流）特性。

R_3 的作用是使进入 VT 的基极音频信号电压具有正向导通作用，从而使 VT 工作在放大区。

经过 R_2 和 VT 至接地端的电流是放大后的音频电流，可以通过 C_2，最后从 SP 输出，该三极管电路起到了将音频信号放大的作用。

【实训任务】

1. 用面包板搭接电路

用面包板搭接电路，并填写表 5-4。

表 5-4 搭接效果表

序　号	项　目	时　长	连接导线数量	学 生 自 评	组 长 评 价
1	搭接电路				

姓名：　　　　组名：　　　　组长签名：

注：电路改造需要注意以下问题。

（1）原电路的问题。

① 采用驻极体传声器，音频的输入和输出在同一个地方，很难鉴定是否有放大作用。

② 电路中，R_2的阻值为330Ω，该电阻的作用是限制流经三极管集电极的电流。由于采用的电压较小，该电阻分压太大，导致输出音频电流太小。

（2）电路改造方法思考。

① 为了展示电路效果，可用手机等作为音频的输入端，那么R_1是否可以去掉？

② 因流经三极管集电极到发射极的电流也随音频输入的大小而变化，那么用SP取代R_2是否可行？

2. 用万能板焊接电路

（1）按图 5-17 在图 5-18 所示的单孔万能板中绘制元器件排列的布局图。

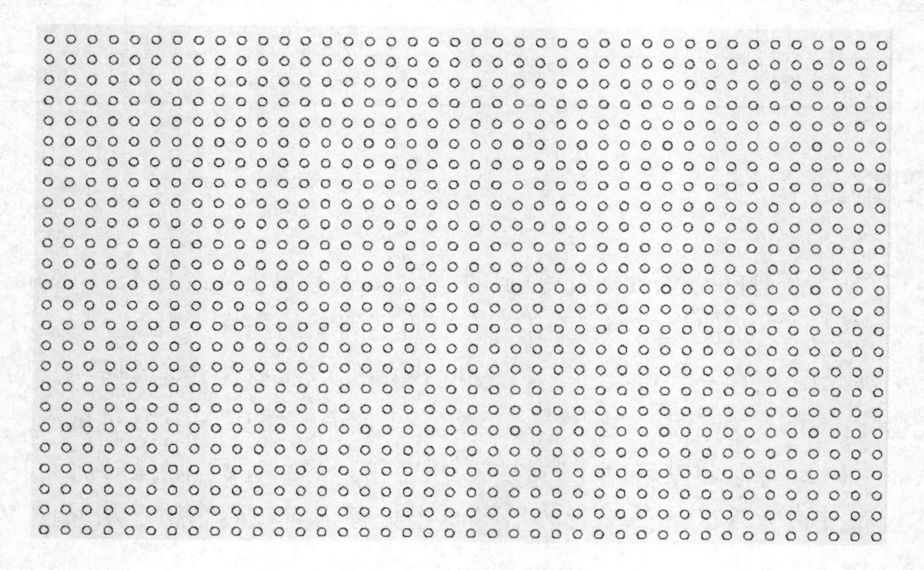

图 5-18 单孔万能板

（2）调试并检查焊接效果，填写表 5-5。

表 5-5 焊接效果表

序　号	项　目	数　据	调 试 结 果	学 生 自 评	组 长 评 价
1	焊接时间				
2	损坏万能板铜箔数				
3	焊接工艺评价				

姓名：　　　　组名：　　　　组长签名：

3．改造并焊接电路

在老师的指导下改造电路，并用万能板焊接电路。

【课后练习题】

1．画出本任务的电路图。

2．画出改造后的电路图。

项目六

学习电源电路

任务一　认识整流电路

目前，我国家庭电路采用的是标准电压为 220V 的交流电，而电子电路的基本用电多为 36V 以下的直流电。整流是指将交流电变为直流电的过程，具有该功能的电路被称为整流电路，常见的有半波整流电路、全波整流电路、桥式整流电路等。

一、半波整流电路

半波整流利用二极管的单向导电性，在输入为标准正弦波的情况下，输出为正弦波的正半周，负半周则损失掉。这种除去半周、留下半周的整流方法，叫作半波整流。

图 6-1 所示为半波整流电路，由电源变压器 T、整流二极管 VD 和负载电阻 R_{fz} 组成。变压器把市电电压变换为所需要的交变电压 u_2，整流二极管再把交流电变换为脉动直流电。

变压器次级电压 u_2 是一个方向和大小都随时间变化的正弦波电压，它的波形如图 6-2（a）所示。

当 ωt 取 0～π 时，变压器次级电压 u_2 处于正半周，此时整流二极管正向偏置导通，变压器次级电压 u_2 的正半周电压加在负载电阻 R_{fz} 上。当 ωt 取 π～2π 时，变压器次级电压 u_2 处于负半周，此时整流二极管反向偏置截止，电流不能通过，负载电阻 R_{fz} 两端的电压为 0。

当 ωt 取 2π～3π 时，结果与 ωt 取 0～π 时相同；当 ωt 取 3π～4π 时，结果与 ωt 取 π～2π 时相同。这样反复下去，交流电的负半周就被“削”掉了，只有正半周通过负载电阻 R_{fz}，这样在负载电阻 R_{fz} 上获得一个方向一致、脉动较大的直流电压，波形如图 6-2（b）所示，达到了整流的目的。

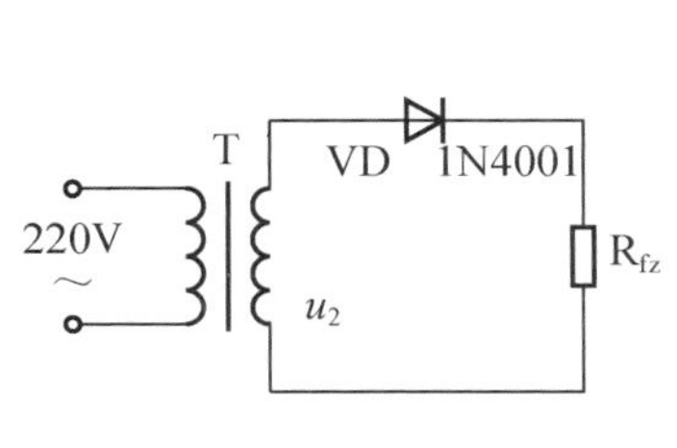

图 6-1 半波整流电路

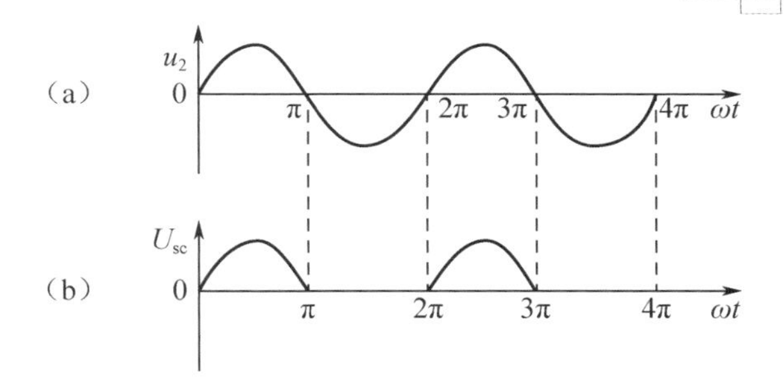

图 6-2 半波整流波形图

注：经过半波整流后，通过负载电阻 R_{fz} 的电流，其方向不变，大小随时间变化。通常称这种电流为脉动直流。

二、全波整流电路

简单的全波整流电路需要 2 个整流二极管，电源变压器需要带中心抽头的两组相同电压的绕组，如图 6-3 所示。利用带中心抽头的变压器，使它们在交流电的正半周和负半周分别向负载电阻 R_{fz} 供给同一方向的电流，从而构成全波整流电路。

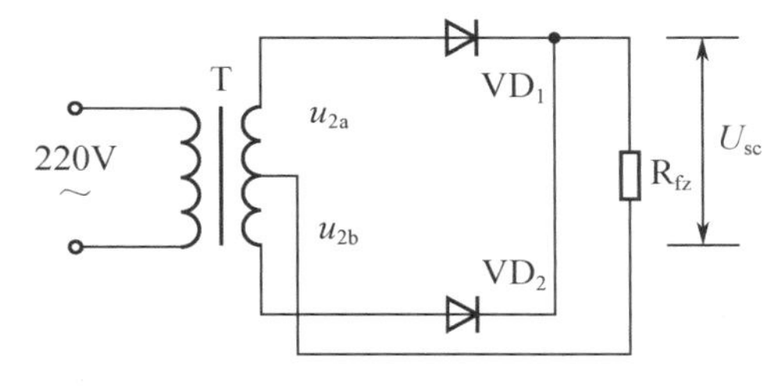

图 6-3 全波整流电路

设交流电在正半周时，变压器输出电压的极性为上正下负，上半绕组电源电流经 VD_1、R_{fz}、中心抽头形成回路，而下半绕组不通，此时 VD_1 导通、VD_2 不导通，I_{VD_1} 经 R_{fz} 形成回路；在负半周时，电压极性与前面相反，可知 VD_2 导通、VD_1 不导通，I_{VD_2} 以相同方向经 R_{fz} 形成回路。因此，在负载上得到的是正、负两个半周都有整流输出的波形，该情况称为全波整流。这时经整流的直流（平均值）电压为半波整流的 2 倍，但这种整流电路的缺点是每组线圈只有一半的时间通过电流，所以变压器的利用率不高。全波整流波形图如图 6-4 所示。

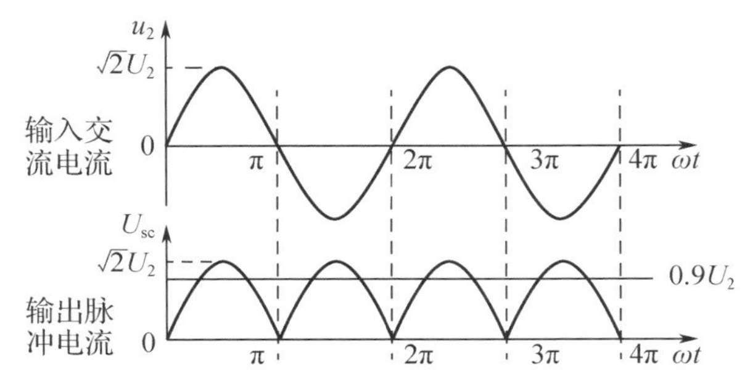

图 6-4 全波整流波形图

三、桥式整流电路

桥式整流也称整流桥堆，属于全波整流，它不需要带中心抽头的变压器，而用 4 个二极管接成电桥形式，使交流电的正、负半周均有电流流过负载，在负载上形成单方向的全波脉动电压。

桥式整流电路如图 6-5 所示。当电路中的 u_2 处于正半周时，对 VD_1、VD_3 加正向电压，VD_1、VD_3 导通，对 VD_2、VD_4 加反向电压，VD_2、VD_4 截止，电路中构成 u_2、VD_1、R_{fz}、VD_3 通电回路，在 R_{fz} 上形成上正下负的半波整流电压。当电路中的 u_2 处于负半周时，对 VD_2、VD_4 加正向电压，VD_2、VD_4 导通，对 VD_1、VD_3 加反向电压，VD_1、VD_3 截止，电路中构成 u_2、VD_2、R_{fz}、VD_4 通电回路，在 R_{fz} 上形成上正下负的另外半波的整流电压。

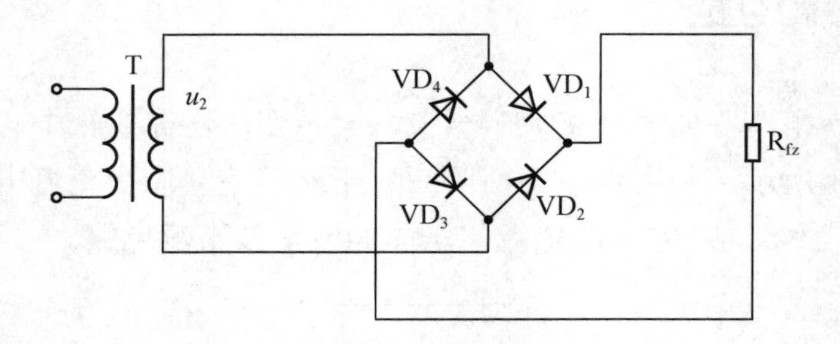

图 6-5　桥式整流电路

最后在 R_{fz} 上便得到全波整流电压。桥式整流波形图和全波整流波形图是一样的。从图 6-5 中可以看出，桥式整流电路中每个二极管承受的反向电压等于变压器次级电压的最大值，比全波整流电路小一半。

桥式整流的优点如下。

（1）桥式整流对输入正弦波的利用效率比半波整流高 1 倍。

（2）桥式整流不需要带中心抽头的变压器，变压器价格低且效率高。

【实训任务】

1．画电路图

分别画出半波整流、全波整流、桥式整流的电路图。

2. 用面包板搭接电路

用面包板搭接电路，并填写表 6-1。

表 6-1 搭接效果表

序 号	项 目	时 长	连接导线数量	学 生 自 评	组 长 评 价
1	半波整流电路				
2	全波整流电路				
3	桥式整流电路				

姓名： 组名： 组长签名：

【课后练习题】

一、选择题

1．桥式整流也称整流桥堆，属于（ ）。

A．半波整流 B．全波整流 C．滤波电路 D．以上都不对

2．简单的全波整流电路需要 2 个整流二极管，电源变压器为（ ）。

A．带 2 个抽头的变压器 B．带中心抽头的变压器

C．不带中心抽头的变压器 D．带 3 个抽头的变压器

3．桥式整流电路需要 4 个整流二极管，电源变压器为（ ）。

A．带 2 个抽头的变压器 B．带中心抽头的变压器

C．不带中心抽头的变压器 D．带 3 个抽头的变压器

二、填空题

1．半波整流利用二极管的____________________性，在输入为标准正弦波的情况下，输出为正弦波的正半周，负半周则损失掉。

2．桥式整流的变压器____________中心抽头，简单的全波整流的变压器___________中心抽头。（带/不带）

三、画图题

画出桥式整流电路。

任务二 认识滤波电路

一、电感器

电感器（Inductor）又称扼流器、电抗器，常用英文符号 L 表示，它会因为通过的电流的改变而产生电动势，从而抵抗电流的改变。最原始的电感器是 1831 年英国法拉第发现电磁感应现象所用的铁芯线圈。

如果电感器为没有电流通过的状态，电路接通时，它将试图阻碍电流流过它；如果电感器为有电流通过的状态，电路断开时，它将试图维持电流不变。

电感器的结构与变压器的结构类似，但只有一个绕组，一般由骨架、绕组、屏蔽罩、封装材料、磁芯（或铁芯）等组成。常见的电感器如图 6-6 所示。

图 6-6　常见的电感器

电感量的基本单位是亨利（简称“亨”），用英文符号 H 表示。常用的单位还有毫亨（mH）和微亨（μH），它们之间的关系是

$$1H=10^3mH=10^6\mu H$$

电感器的电路符号如图 6-7 所示。

图 6-7　电感器的电路符号

二、变压器

变压器（Transformer）常用英文符号 T 表示，是指利用电磁感应原理来改变交流电压的装置，其主要构件是初级线圈、次级线圈和铁芯（或磁芯）。

各种变压器的实物图如图 6-8 所示。

图 6-8　各种变压器的实物图

一个变压器通常包括两组或两组以上的线圈（以输入交流电流与输出感应电流）和一圈金属芯（把互感的磁场与线圈耦合在一起）。变压器的原理和电路符号如图 6-9 所示。

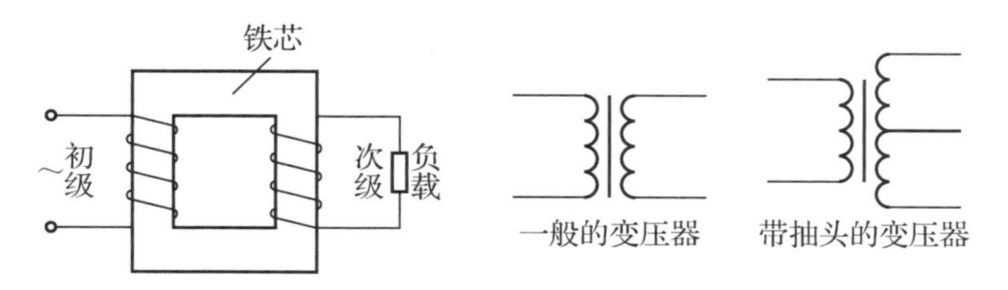

图 6-9　变压器的原理和电路符号

变压器铁芯的作用是加强两个线圈间的磁耦合。虽然铁芯会造成一部分能量的损失，但这有助于将磁场限定在变压器内部，并提高效率。

三、滤波电路

滤波电路常用于滤去整流输出电压中的纹波，一般由电抗元件组成，如在负载电阻两端并联电容，或与负载电阻串联电感器，以及由电容、电感器组成的各种复式滤波电路。常见的 3 种滤波电路如图 6-10 所示。

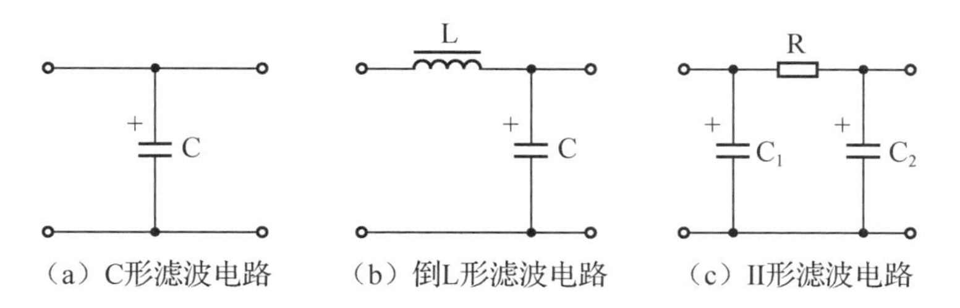

图 6-10　常见的 3 种滤波电路

电容滤波的工作原理：由于电容具有储能特性，当单向脉动直流电压高于电容两端电压时，电容处于充电状态；反之，电容处于放电状态，这样就把高峰值电压存储到低峰值电压处再释放。最终把高低不平的单向脉动直流电压转化成比较平滑的直流电压。由于滤波电路要求储能电容有较大电容量，所以绝大多数滤波电容使用电解电容。

电感滤波的工作原理：当通过电感线圈的电流变化时，电感线圈产生的自感电动势将阻止电流的变化。当通过电感线圈的电流增大时，电感线圈产生的自感电动势与电流方向相反，阻止电流的增加，同时将一部分电能转化成磁能存储于电感线圈中；当通过电感线圈的电流减小时，电感线圈产生的自感电动势与电流方向相同，阻止电流的减小，同时释放出存储的能量，以补偿减小的电流，从而达到滤波的效果。

四、变压整流滤波电路

一般直流稳压电源都使用 220V 市电作为电源，经过变压、整流、滤波后输送给稳压电路进行稳压，最终成为稳定的直流电源。这个过程中的变压电路、整流电路、滤波电路可以看作直流稳压电源的基础电路，没有这些电路对市电的前期处理，稳压电路将无法正常工作。图 6-11 所示为常见的变压整流滤波电路图。

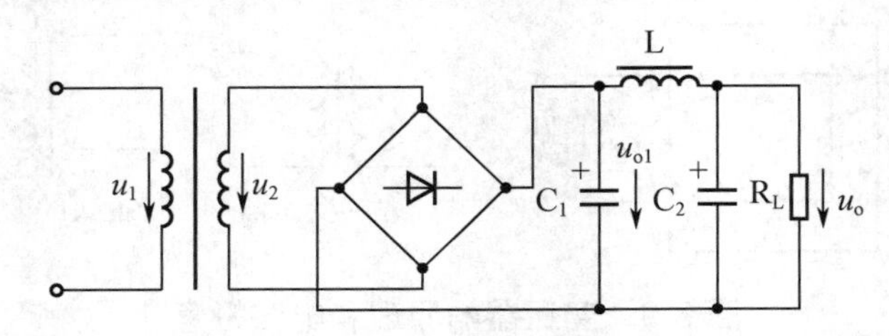

图 6-11　常见的变压整流滤波电路图

【实训任务】

1．画电路图

画出本任务介绍的变压整流滤波电路图。

2．用面包板搭接电路

用面包板搭接电路，并填写表 6-2。

表 6-2 搭接效果表

序　号	项　目	时　长	连接导线数量	学生自评	组长评价
1	桥式整流电路				
2	滤波电路				

姓名：　　　　组名：　　　　组长签名：

【课后练习题】

一、选择题

1.（　　）常用英文符号 L 表示，会因为通过的电流的改变而产生电动势，从而抵抗电流的改变。

A．电阻器　　B．电容器　　C．电感器　　D．变压器

2.（　　）常用英文符号 T 表示，是指利用电磁感应原理来改变交流电压的装置，其主要构件是初级线圈、次级线圈和铁芯（或磁芯）。

A．电阻器　　B．电容器　　C．电感器　　D．变压器

3.（　　）常用于滤去整流输出电压中的纹波，一般由电抗元件组成。

A．整流电路　　B．滤波电路　　C．变压电路　　D．稳压电路

4．电感器通常用英文符号（　　）表示，变压器通常用英文符号（　　）表示。

A．L，K　　B．S，T　　C．L，T　　D．S，K

二、填空题

1．电容滤波的工作原理：由于电容具有储能特性，当单向脉动直流电压高于电容两端电压时，电容处于____________状态；反之，电容处于____________状态，这样就把高峰值电压存储到低峰值电压处再释放。

2．电感滤波的工作原理：当通过电感线圈的电流增大时，电感线圈产生的自感电动势与电流方向相反，阻止电流的____________；当通过电感线圈的电流减小时，电感线圈产生的自感电动势与电流方向相同，阻止电流的____________。

三、画图题

画出本任务介绍的几种滤波电路。

任务三　认识三端集成稳压电路

一、集成稳压器分类

集成稳压器又称集成稳压电路，一般分为线性集成稳压器和开关集成稳压器两类。线性集成稳压器分为低压差集成稳压器和一般压差集成稳压器。开关集成稳压器分为降压型集成稳压器、升压型集成稳压器和输入与输出极性相反集成稳压器。按引脚的连接方式，集成稳压器可分为三端集成稳压器和多端集成稳压器。

电路中常用的集成稳压器有 CW78××系列、CW79××系列、可调集成稳压器、精密电压基准集成稳压器等。

二、三端集成稳压器

三端集成稳压器具有体积小、外围元器件少、性能稳定可靠、使用方便和价格低等优点，近年来得到了广泛应用，在中小功率的稳压电源上的应用最广泛。常见的三端集成稳压器有三端固定输出式稳压器和三端可调式稳压器。

1．三端固定输出式稳压器

三端集成稳压器只有 3 个接线端，即输入端、输出端及公共端。三端固定输出式稳压器分为正电压输出的三端固定输出式稳压器和负电压输出的三端固定输出式稳压器。

CW78××系列是正电压输出的三端固定输出式稳压器。如图 6-12（a）所示，1 脚为输入端，2 脚为公共端，3 脚为输出端。通常在整流滤波电路之后接上三端固定输出式稳压器，电路接法如图 6-13（a）所示。输入电压接 1、2 脚，3、2 脚输出稳定电压。在输入端并联一个电容 C_1 以旁路高频干扰信号，输出端的电容 C_2 用来改善暂态响应，并具有消振作用。

三端固定输出式稳压器输出的电压有 5V、6V、8V、12V、15V、18V 和 24V 等，输出电压值由型号中的后两位表示，如 CW7805 表示输出电压为 5V，CW7812 表示输出电压为 12V，使用时根据输出电压的要求选择相应的稳压器。

CW79××系列是负电压输出的三端固定输出式稳压器，外形与 CW78××系列相同，但引脚的排列不同，如图 6-12（b）所示，2 脚为输入端，1 脚为公共端，3 脚为输出端，电路接法如图 6-13（b）所示。输出电压值由型号中的后两位表示，如 CW7905 表示输出电压为-5V，CW7912 表示输出电压为-12V。

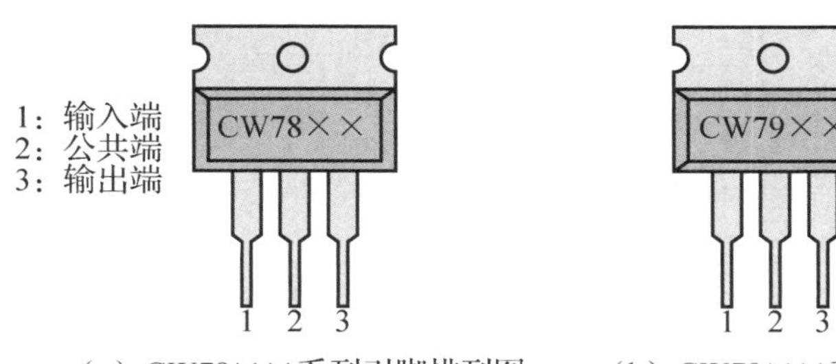

（a）CW78××系列引脚排列图　（b）CW79××系列引脚排列图

图 6-12　三端固定输出式稳压器引脚排列图

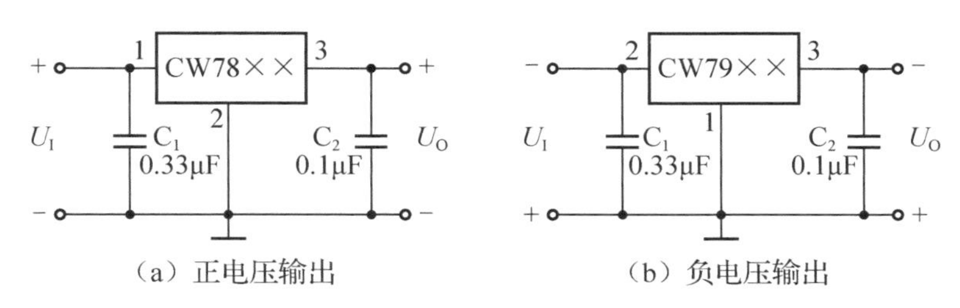

（a）正电压输出　（b）负电压输出

图 6-13　三端固定输出式稳压器接线图

2. 三端可调式稳压器

三端可调式稳压器不仅输出电压可调，而且稳压性能优于三端固定输出式稳压器，被称为第二代三端集成稳压器。三端可调式稳压器分为正电压输出的三端可调式稳压器和负电压输出的三端可调式稳压器。

CW117××、CW217××、CW317××系列是正电压输出的三端可调式稳压器。如图 6-14（a）所示，1 脚为公共端，2 脚为输出端，3 脚为输入端。如图 6-15（a）所示，电位器 R_P 和电阻 R_1 组成取样电阻分压器，接稳压器的 1 脚，改变电位器 R_P 可调节输出电压 U_O 的大小，输出电压为 1.2～37V 时连续可调。输入电压接 3 脚，2 脚输出稳定电压。在输入端并联电容 C_1 以旁路整流电路输出的高频干扰信号，电容 C_2 可减少输出端的纹波电压，使取样电压稳定，电容 C_3 起消振作用。

CW137××、CW237××、CW337××系列是负电压输出的三端可调式稳压器。如图 6-14（b）所示，1 脚为公共端，2 脚为输入端，3 脚为输出端，电路接法如图 6-15（b）所示。

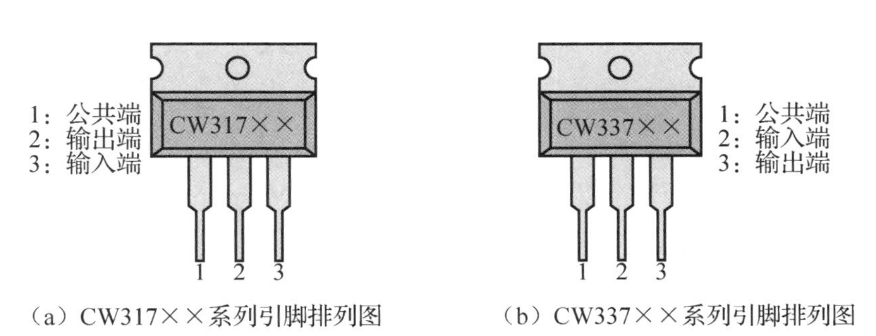

（a）CW317××系列引脚排列图　（b）CW337××系列引脚排列图

图 6-14　三端可调式稳压器引脚排列图

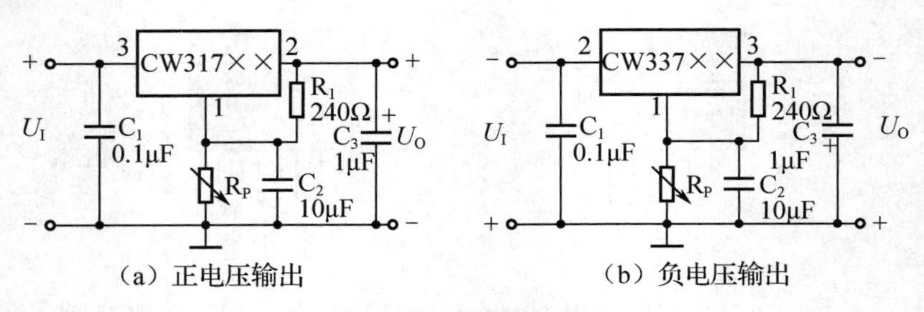

图 6-15　三端可调式稳压器接线图

【实训任务】

1．画接线图

分别画出正电压输出的三端固定输出式稳压器、三端可调式稳压器的接线图。

2．用面包板搭接电路

用面包板搭接电路，并填写表 6-3。

表 6-3　搭接效果表

序　　号	项　　目	时　　长	连接导线数量	学 生 自 评	组 长 评 价
1	三端固定输出式稳压器的接线图				
2	三端可调式稳压器的接线图				

姓名：　　　　　　组名：　　　　　　组长签名：

【课后练习题】

一、选择题

1．三端固定输出式稳压器只有 3 个接线端，即（　　）。

A．输入端、输出端、公共端　　B．输入端、公共端、调节端

C．输入端、输出端、调节端　　D．输出端、公共端、调节端

2．CW7812 表示该三端固定输出式稳压器的输出电压为（　　）。

A．7V　　B．8V　　C．12V　　D．2V

3．CW7905 表示该三端固定输出式稳压器的输出电压为（　　）。

A．7V　　B．9V　　C．5V　　D．−5V

二、识图题

识别三端集成稳压器的各个引脚的功能。

1．CW78××

（　　　）输入端

（　　　）输出端

（　　　）公共端

2．CW79××

（　　　）输入端

（　　　）输出端

（　　　）公共端

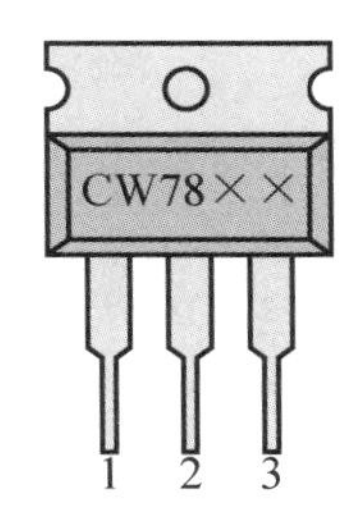

3．CW317××

（　　　）输入端

（　　　）输出端

（　　　）公共端

4．CW337××

（　　　）输入端

（　　　）输出端

（　　　）公共端

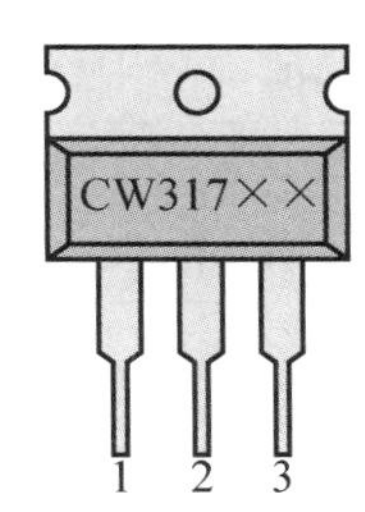

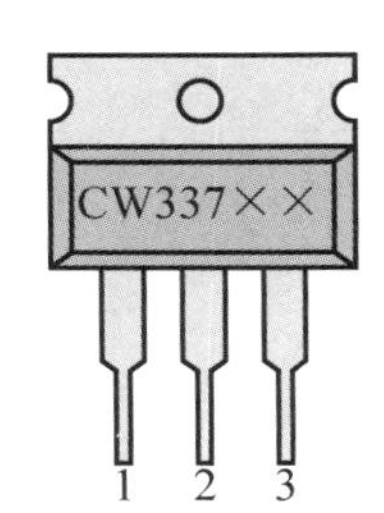

任务四　电源电路的焊接与调试

任何一个电子电路都离不开电源，而电子电路中使用的一般都是直流电源。直流电源的获得方式有两种：一种是使用干电池或蓄电池供电；另一种是将 220V 市电经过变压、整流、滤波后输送给稳压电路进行稳压，最终成为稳定的直流电源。

一、三端稳压电源电路的工作原理

图 6-16 所示为三端稳压电源电路原理图。

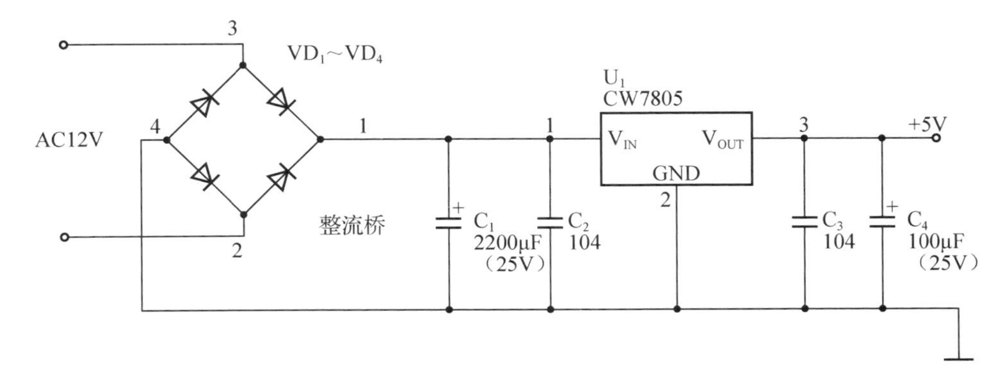

图 6-16　三端稳压电源电路原理图

二、三端稳压电源电路的元器件

三端稳压电源电路的元器件如表 6-4 所示。

表 6-4　三端稳压电源电路的元器件

符　号	名　称	规　格	功　能
VD_1～VD_4	二极管	1N4002	桥式整流
C_1	电解电容	2200μF（25V）	前端滤波
C_2	陶瓷电容	104	前端滤波
U_1	三端固定输出式稳压器	CW7805	稳压
C_3	陶瓷电容	104	后端滤波
C_4	电解电容	100μF（25V）	后端滤波
○	接线端子	5.08mm 螺钉式印制电路板接线端子 2P	连接变压器输出电压

【实训任务一】

用万能板焊接电路。

（1）按图 6-16 在图 6-17 所示的单孔万能板中绘制电路元器件排列的布局图。

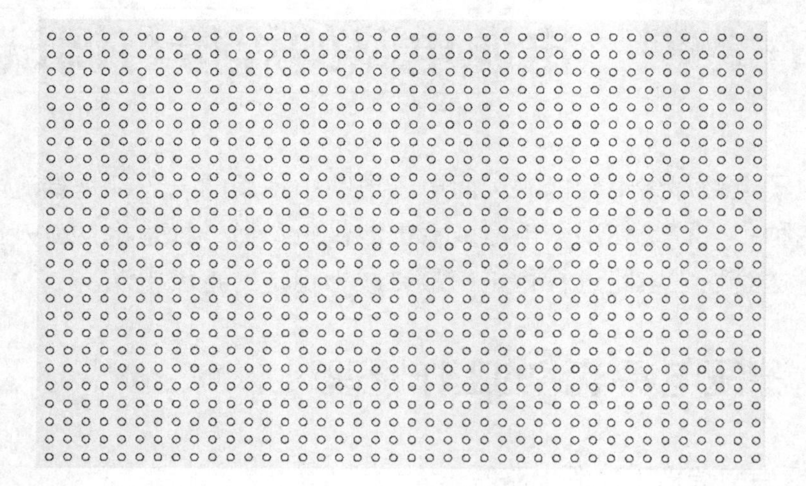

图 6-17　单孔万能板

（2）调试并检查焊接效果，填写表 6-5。

表 6-5　焊接效果表

序　号	项　目	数　据	调试结果	学生自评	组长评价
1	焊接时间				
2	损坏万能板铜箔数				
3	焊接工艺评价				

姓名：　　　　　　　组名：　　　　　　　组长签名：

三、可调电源电路的工作原理

根据三端可调式稳压器的原理，可以制作如图 6-18 所示的电源电路。

图 6-18 所示为 1.25～37V 可调电源电路原理图，该电路是三端可调式稳压器的典型应用电路，特点是性能好、工作稳定、体积小、制作安装简单方便，最大输出电流为 1.5A，输出电压为 1.25～37V 时连续可调。它最适合用作实验用电源。

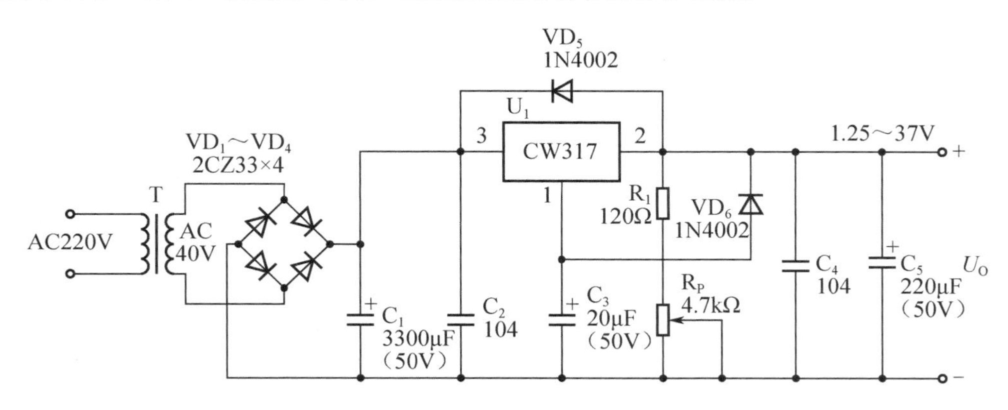

图 6-18　1.25～37V 可调电源电路原理图

改变电位器 R_P 的阻值，可改变输出电压的大小，输出电压为 1.25～37V 时连续可调。VD_5、VD_6 为保护二极管。

四、可调电源电路的元器件

可调电源电路的元器件如表 6-6 所示。

表 6-6　可调电源电路的元器件

符　号	名　称	数　量	规　格	功　能
	万能板	1	4cm×6cm	焊接
T	电源变压器	1	220V 转单 12V（5W）	变压
VD_1～VD_4	二极管	4	2CZ33	桥式整流
C_1	电解电容	1	3300μF（50V）	前端滤波
C_2	陶瓷电容	1	104	前端滤波
U_1	三端可调式稳压器	1	CW317	稳压
C_3	电解电容	1	20μF（50V）	中端滤波
R_P	电位器	1	卧式电位器 472	调节输出电压
R_1	色环电阻	1	120Ω	分压
VD_5、VD_6	二极管	2	1N4002	保护二极管
C_4	陶瓷电容	1	104	后端滤波
C_5	电解电容	1	220μF（50V）	后端滤波
○	接线端子	2	5.08mm 螺钉式印制电路板接线端子 2P	连接变压器输出电压

【实训任务二】

用万能板焊接电路。

（1）按图6-18在图6-19所示的单孔万能板中绘制元器件排列的布局图。

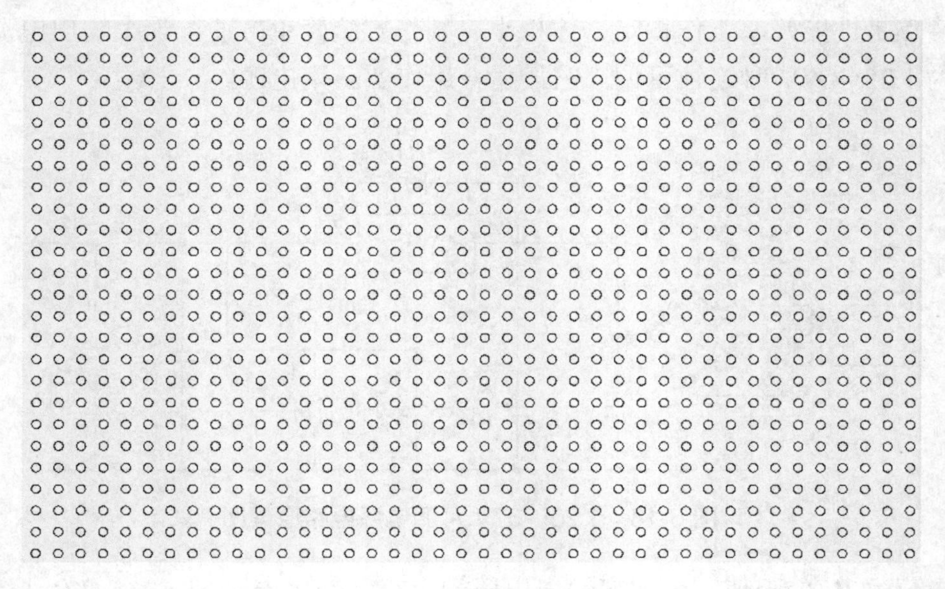

图6-19　单孔万能板

（2）调试并检查焊接效果，填写表6-7。

表6-7　焊接效果表

序　　号	项　　目	数　　据	调试结果	学生自评	组长评价
1	焊接时间				
2	损坏万能板铜箔数				
3	焊接工艺评价				

姓名：　　　　　　组名：　　　　　　组长签名：

【课后练习题】

画出本任务介绍的两个电路图。

项目七

学习集成电路

任务一 认识集成电路

集成电路是现代信息社会的基石，它减少了元器件的使用，使应用更加方便，使产品性能得到了有效提高，推动了世界进入信息时代，改变了我们的生活。

一、集成电路介绍

1. 集成电路的意义

集成电路对于离散晶体管有两个主要优势——成本低和性能高。成本低是因为芯片把所有的组件通过照相平版技术作为一个单位印制，而不是在一个时间只制作一个晶体管。性能高是因为组件很小且彼此靠近，组件可以快速开/关，消耗更少能量。图 7-1 所示为新旧电话机的电路板的对比。

（a）老旧电话机的电路板

（b）一般电话机的电路板

图 7-1 新旧电话机的电路板的对比

集成电路具有体积小、质量轻、引出线和焊点少、寿命长、可靠性高、性能好等优点，同时成本低，便于大规模生产。

2．集成电路的含义

集成电路（Integrated Circuit，IC）是一种微型电子器件或部件，是把一定数量的常用电子元器件，如晶体管（包括二极管、三极管、场效应管、晶闸管等）、电阻、电容等，以及这些元器件之间的连线，通过半导体工艺集成在一起的具有特定功能的电路，在电路中用字母“IC”表示。图 7-2 所示为两种集成电路芯片。

（a）大规模集成电路芯片

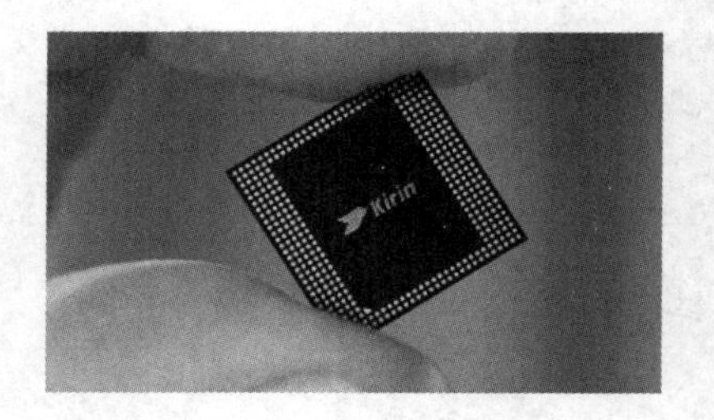

（b）超大规模集成电路芯片

图 7-2　两种集成电路芯片

注：（1）Intel 4004 是 Intel 制造的一款 CPU，片内集成了 2250 个晶体管。
（2）Kirin 9000 芯片是华为 SoC，集成了多达 153 亿个晶体管。

3．分类

（1）集成电路按其功能、结构的不同，分为模拟集成电路、数字集成电路和数/模混合集成电路三大类。

（2）集成电路按其应用领域的不同，分为标准通用集成电路和专用集成电路。

二、集成电路封装

集成电路封装（Package）指把生产出来的集成电路裸片（Die）放到一块起承载作用的基板上，再把引脚引出来，然后固定包装成一个整体。封装相当于芯片的外壳，可以将芯片包裹、固定、密封起来，让其免受外力、水、空气、化学物等的破坏与腐蚀。

相同的集成电路裸片可以有不同的封装方式，因此就会有不同的芯片外形，但本质上它们的功能是一致的。常见的集成电路封装如图 7-3 所示。

1．双列直插封装

双列直插封装也称 DIP 封装，简称 DIP，是一种集成电路的封装方式，集成电路的外形为长方形，在其两侧有两排平行的金属引脚，称为排针。

图 7-3　常见的集成电路封装

DIP 封装的元器件一般简称 DIP*n*，其中 *n* 是引脚的个数。例如，40 脚的集成电路称为 DIP40。DIP 封装的元器件可以焊接在印制电路板电镀的贯穿孔中，或是插入 DIP 插座（Socket）。DIP 封装的 52 单片机芯片如图 7-4 所示。

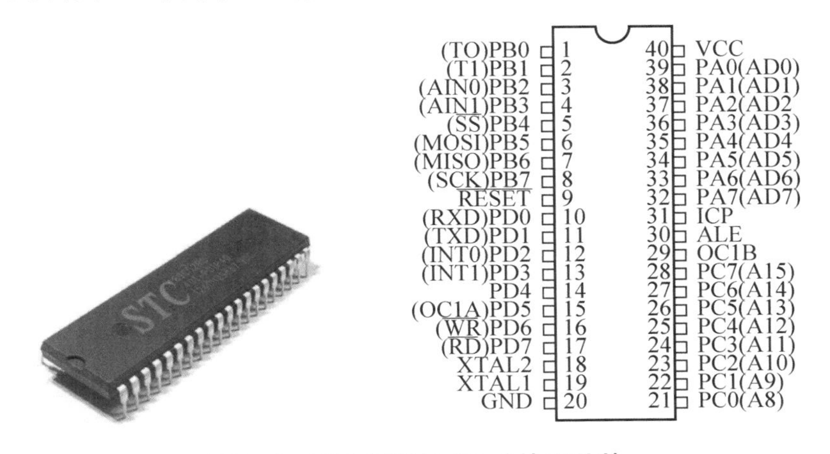

图 7-4　DIP 封装的 52 单片机芯片

2．四侧引脚扁平封装

四侧引脚扁平封装也称 QFP 封装，是表面贴装型封装的一种，引脚从 4 个侧面引出呈海鸥翼（L）形，如图 7-5 所示。

图 7-5　QFP 封装示意图

3．球栅阵列封装

球栅阵列封装也称 BGA 封装，比其他封装（如 DIP 封装、QFP 封装）能容纳更多的

引脚，整个装置的底部表面可作为引脚使用，比起周围限定的封装类型还能具有更短的平均导线长度，从而具备更佳的高速效能。BGA 封装示意图如图 7-6 所示。

图 7-6 BGA 封装示意图

三、集成电路引脚识别图解

（1）单列直插式集成电路：它有一个倒角（或凹坑），倒角（或凹坑）下就是 1 脚，从左往右依次数引脚即可，如图 7-7 所示。

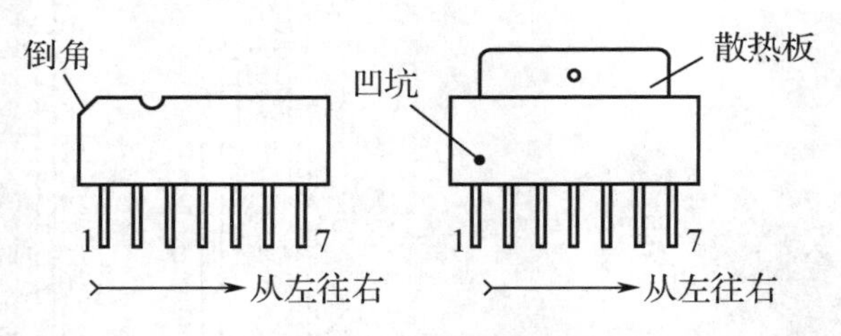

图 7-7 单列直插式引脚识别图

（2）双列直插式集成电路：它有一个凹口（或其他标记），凹口（或其他标记）对应的引脚为 1 脚，逆时针方向数即可，如图 7-8 所示。

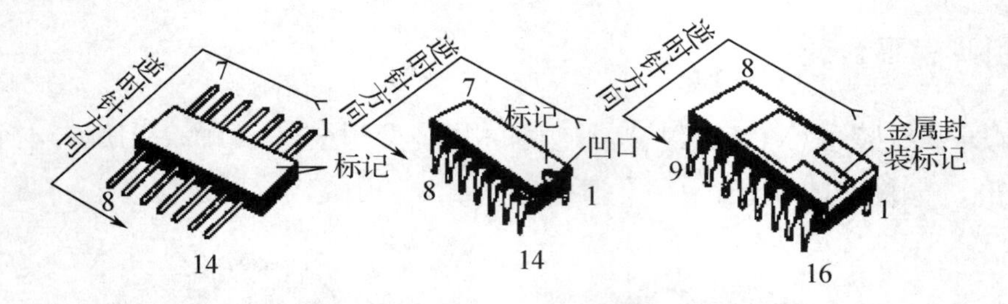

图 7-8 双列直插式引脚识别图

四、集成电路的示意图

集成电路的内部电路一般都很复杂，包含若干单元和很多元器件，但在电路图中通常只将集成电路作为一个器件来看待。因此，几乎所有电路图中都不画集成电路的内部电路，而是以矩形或三角形的图框来表示，如图 7-9 所示。

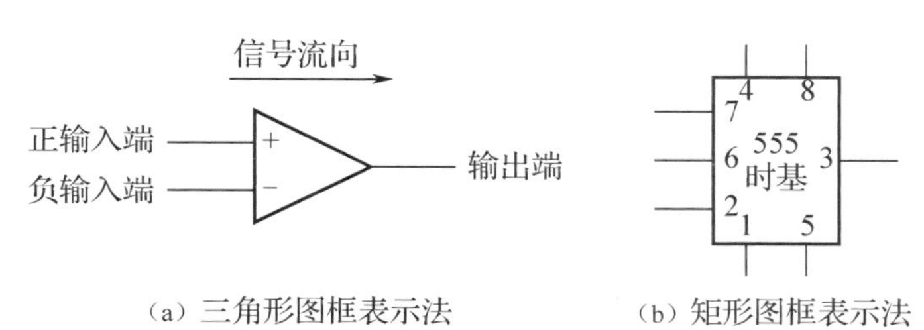

（a）三角形图框表示法　　（b）矩形图框表示法

图 7-9　集成电路的表示方法

【实训任务】

分别用三角形图框表示法和矩形图框表示法画出集成电路。

【课后练习题】

一、选择题

1．集成电路在电路中通常用英文符号（　　）表示。

A．JC　　B．IC　　C．JCDL　　D．以上都不对

2．集成电路封装（Package）指把生产出来的集成电路裸片（Die）放到一块起承载作用的基板上，再把（　　）引出来，然后固定包装成一个整体。

A．芯片　　B．导线　　C．引脚　　D．电源端

3．假如一双列直插式的芯片有 14 个引脚，其凹口朝左时，右下角为第（　　）引脚。

A．1　　B．7　　C．8　　D．14

二、填空题

1．集成电路按其功能、结构的不同，可分为______________电路、______________电路和______________电路三大类。

2．集成电路是一种微型电子器件或部件，是把一定数量的____________________，如晶体管（包括二极管、三极管、场效应管、晶闸管等）、电阻、电容等，以及这些元器件之间的连线，通过________________集成在一起的具有特定功能的电路。

任务二 认识 555 集成芯片

555 集成芯片是一种中规模集成电路芯片，是能产生精确定时脉冲的高稳定控制器，常用于定时器、脉冲产生器和振荡电路中。

一、认识 NE555 集成芯片

1．外形

NE555 集成芯片为 8 脚时基集成芯片。NE555 集成芯片封装形式有两种，一种是 DIP 双列直插 8 脚封装，另一种是 SOP 封装，二者的内部结构和工作原理都相同。其他 LM555、CA555 等分属不同公司生产的产品，其功能与 NE555 集成芯片相同，可以替代 NE555 集成芯片。

按集成芯片表面凹口朝左，逆时针方向依次为 1 脚～8 脚。NE555 集成芯片的实物图和引脚图如图 7-10 所示。

图 7-10　NE555 集成芯片的实物图和引脚图

2．NE555 集成芯片的逻辑符号和引脚功能

（1）NE555 集成芯片的逻辑符号如图 7-11 所示。

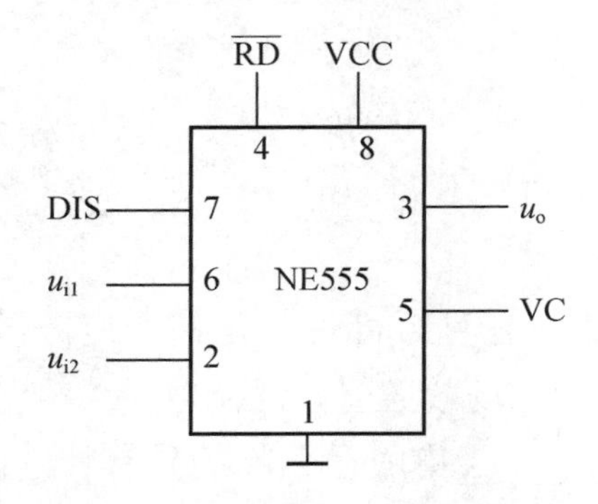

图 7-11　NE555 集成芯片的逻辑符号

（2）NE555 集成芯片的内部功能框图如图 7-12 所示。

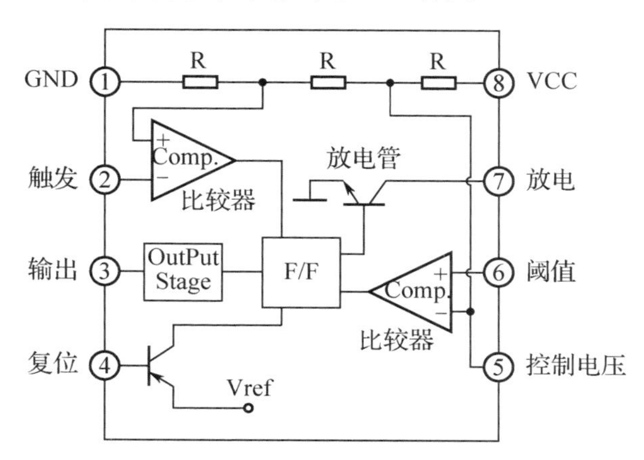

图 7-12　NE555 集成芯片的内部功能框图

NE555 集成芯片的引脚功能如表 7-1 所示。

表 7-1　NE555 集成芯片的引脚功能

引　　脚	功　　能	引　　脚	功　　能
1	接地端	8	正电源端
2	高电平触发端	7	放电端
3	输出端	6	低电平触发端
4	复位端	5	电压控制端

3．特点

（1）NE555 集成芯片采用 COMS 工艺制造，电压范围为 3～18V。

（2）NE555 集成芯片可以独立构成一个定时器，且定时精度高。

（3）NE555 集成芯片的最大输出电流达 200mA，带负载能力强，可直接驱动小电机、扬声器、继电器等负载。

二、NE555 集成芯片的用途

NE555 集成芯片是常用的集成芯片，可以组成各种功能电路，在家用电子设备中得到了非常广泛的应用，如元器件测量仪、家用电器控制装置、门铃、报警器、电路检测仪器、定时器、信号发生器、压频转换电路、电源应用电路、自动控制装置及其他应用电路等。

1．NE555 光控自动路灯

在白天自然光很强的情况下，如果路灯还亮着，就是一种极大的浪费。采用 NE555 时基集成电路可以组成光控自动路灯，它具有体积小、成本低、无触点、抗干扰性强和功耗低等特点，不仅可用于白炽灯控制，也可用于高压钠灯控制。NE555 光控自动路灯电路如图 7-13 所示。

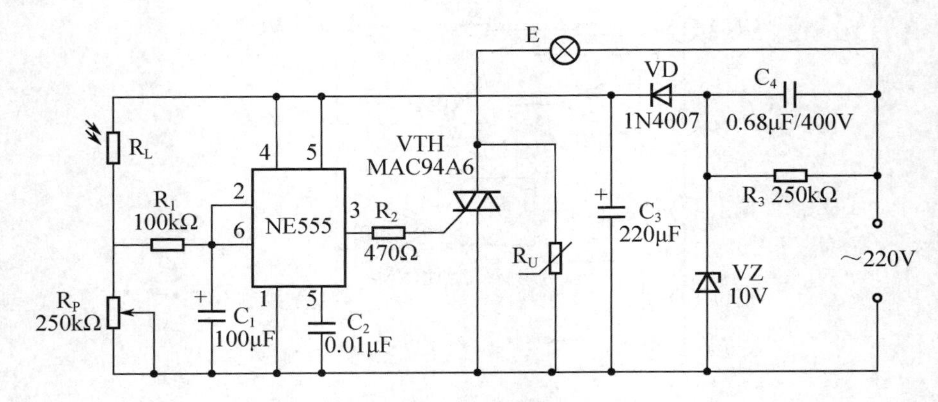

图 7-13 NE555 光控自动路灯电路

2. 双闪灯电路

图 7-14 所示为 NE555 的双闪灯电路，接通电源后，NE555 集成定时器的输出端 3 脚的电平不断地出现高低电平变化，当 3 脚为高电平时，LED_1 熄灭，LED_2 发光，同时电容 C_3 被充电，扬声器发出“嗒”的声音；当 3 脚为低电平时，LED_1 发光，LED_2 熄灭，同时电容 C_3 通过扬声器放电，扬声器又发出“嗒”的声音。所以发光二极管交替发光，扬声器就发出“嗒嗒”的节拍声。

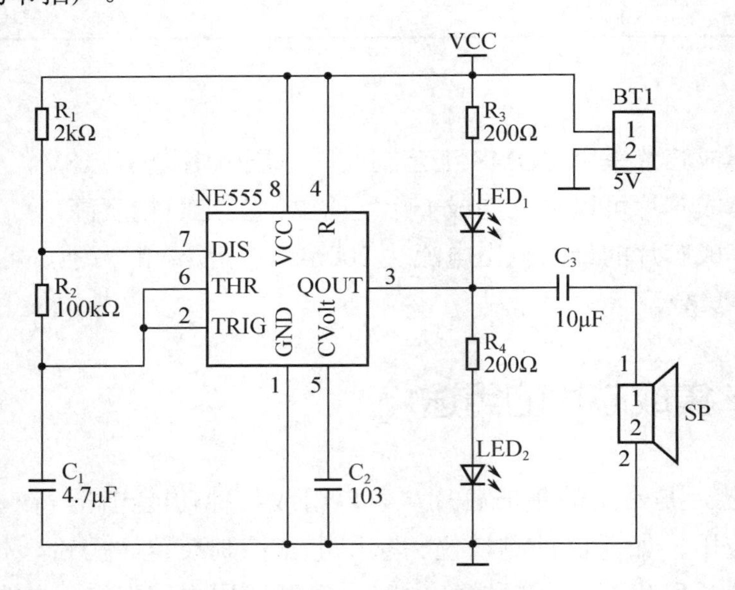

图 7-14 NE555 的双闪灯电路

三、可控硅

可控硅也称晶闸管，是一种大功率电气元件。它具有体积小、效率高、寿命长等优点，在自动控制系统中，可作为大功率驱动器件，实现用小功率控件控制大功率设备。

1．单向晶闸管

单向晶闸管的外形、图形符号、等效电路如 7-15 所示。单向晶闸管有 3 个电极：A 极（阳极）、G 极（门极）和 K 极（阴极）。单向晶闸管相当于 PNP 型三极管和 NPN 型三极管以图 7-15（c）所示的方式连接而成。

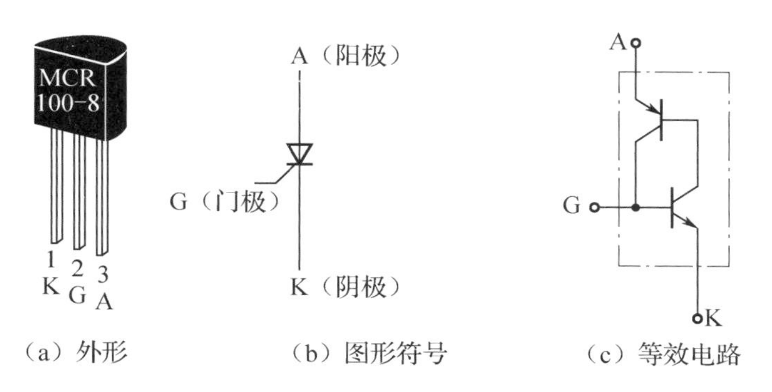

图 7-15　单向晶闸管的外形、图形符号、等效电路

> **注：** 要使晶闸管导通，一是在它的阳极 A 与阴极 K 之间外加正向电压；二是在它的门极 G 与阴极 K 之间输入一个正向触发电压。在晶闸管导通后，松开按钮开关，去掉触发电压，晶闸管仍然能维持导通状态。

2．双向晶闸管

双向晶闸管的外形、图形符号、等效电路如图 7-16 所示。双向晶闸管可以控制双向导通，因此除门极 G 外的另两个电极不再分阳极、阴极，而称为主电极 T_1、T_2。

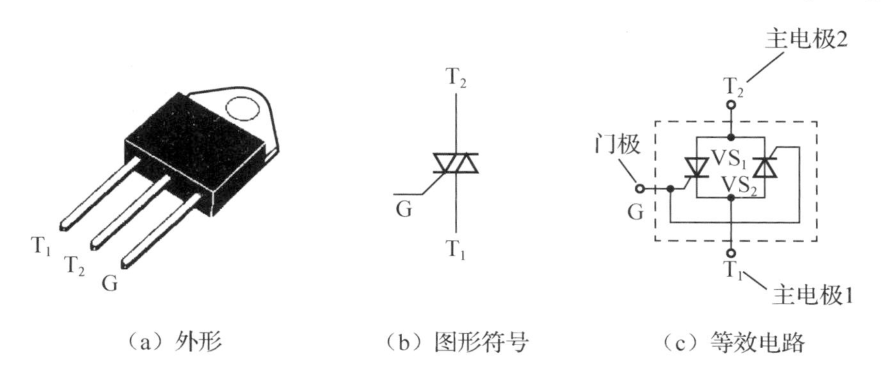

图 7-16　双向晶闸管的外形、图形符号、等效电路

> **注：** 当有触发电压加至门极 G 时，双向晶闸管导通，并在触发电压消失后仍然维持导通状态，电流既可从 T_1 经过 VS_2 流向 T_2，又可从 T_2 经过 VS_1 流向 T_1。当电流小于晶闸管的维持电流时，晶闸管关断。

【实训任务】

用面包板搭接双闪灯电路，并将搭接效果填写在表 7-2 中。

表 7-2　搭接效果表

序　号	项　目	时　长	连接导线数量	学生自评	组长评价
1	第一次搭接				
2	第二次搭接				

姓名：　　　　组名：　　　　组长签名：

【课后练习题】

一、选择题

1．NE555 集成芯片为（　　）脚时基集成芯片。

A．6　　B．8　　C．10　　D．18

2．NE555 集成芯片的最大输出电流达（　　），带负载能力强，可直接驱动小电机、扬声器、继电器等负载。

A．20mA　　B．200mA　　C．120mA　　D．2000mA

3．（　　）有 3 个电极：A 极（阳极）、G 极（门极）和 K 极（阴极）。

A．三极管　　B．双向晶闸管　　C．单向晶闸管　　D．都不正确

二、填空题

1．NE555 集成芯片封装形式有两种，一种是____________封装，另一种是________封装。

2．NE555 集成芯片采用________工艺制造，电压范围为________。

3．________也称晶闸管，是一种大功率电气元件。它具有体积小、效率高、寿命长等优点，在自动控制系统中，可作为大功率驱动器件，实现用________控件控制大功率设备。

三、画图题

画出 NE555 集成芯片的逻辑符号。

任务三　认识并焊接 NE555 叮咚门铃电路

利用 NE555 集成芯片，可以很方便地输出脉冲信号，当控制输出的脉冲信号频率为

500Hz～20kHz 时，通过蜂鸣器或扬声器就可以听到声音。

基于这个原理，可以让扬声器发出叮咚悦耳美妙的声音，即常见的门铃声音。

一、NE555 叮咚门铃电路

1. 电路图

图 7-17 所示为 NE555 叮咚门铃电路图。

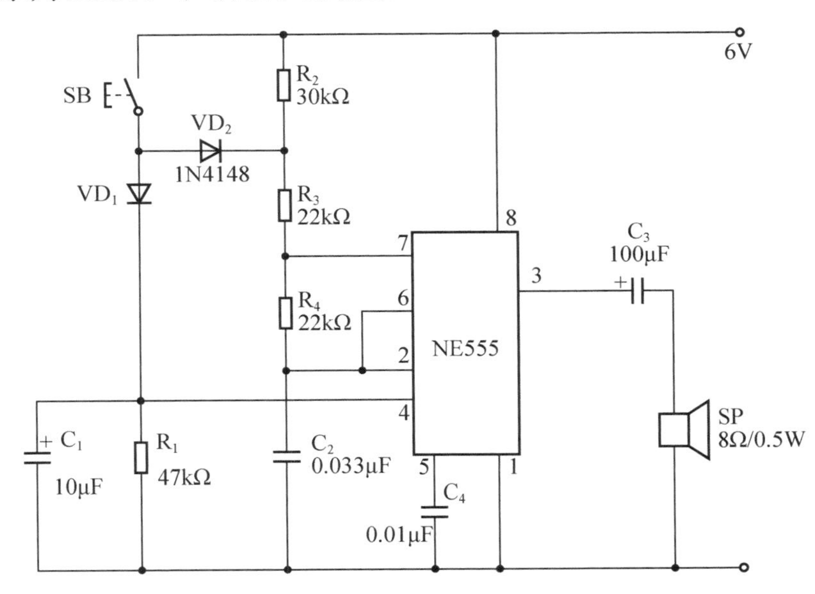

图 7-17 NE555 叮咚门铃电路图

2. 电路分析

本电路是基于 NE555 集成芯片组成的多谐振荡器。

NE555 集成芯片的输出端（3 端口）接扬声器，输出端有交流电流时就会使扬声器发出声音。输出端的信号频率不同时，发出的声音就不同。本电路中设计了两种不同的频率，因此扬声器就会发出“叮”“咚”两种不同的声音。

（1）开关 SB 是门上的按钮开关，在它没有被按下时，C_1 无法接通不进行充电，因而 C_1 处的电压为 0，4 端口（复位端）一直处于低电平，导致 3 端口输出一直为 0，扬声器无法工作。

（2）当按下开关 SB 时，电源经过 VD_1 对 C_1 充电，当 NE555 集成芯片的 4 脚电压大于 1V 呈高电平时，由 NE555 集成芯片及 R_3、R_4、C_2 构成的多谐振荡器开始振荡，3 端口输出振荡频率信号，扬声器发出“叮”的声音。

（3）松开开关 SB 后，C_1 储存的电能经 R_1 放电，但 NE555 集成芯片的 4 脚电压继续维持高电平而保持振荡，由 NE555 集成芯片及 R_2、R_3、R_4、C_2 构成的多谐振荡器开始振荡，但因 R_2 接入振荡电路，3 端口输出的信号的振荡频率变低，使扬声器发出“咚”的声音。

（4）当 C_2 上的电量放电到一定时间后，NE555 集成芯片的 4 脚电压低于 1V，此时电路将停止振荡。

二、电路元器件

NE555 叮咚门铃电路的元器件如表 7-3 所示。

表 7-3　NE555 叮咚门铃电路的元器件

符　号	名　称	数　量	规　格	功　能
	万能板	1	4cm×6cm	焊接
SB	按钮开关	1	4 脚	门铃开关
IC 座	8 脚 IC 座	1	DIP8	接 NE555 集成芯片
IC	NE555	1	DIP8	振荡芯片
R_1	电阻（1/4W）	1	47kΩ	构成振荡电路
R_2	电阻（1/4W）	1	30kΩ	构成振荡电路
R_3、R_4	电阻（1/4W）	2	22kΩ	构成振荡电路
C_1	电解电容 25V	1	10μF	构成振荡电路
C_2	陶瓷电容 333	1	0.033μF	构成振荡电路
C_3	电解电容 25V	1	100μF	构成振荡电路
C_4	陶瓷电容 103	1	0.01μF	构成振荡电路
VD_1、VD_2	整流二极管	2	1N4148	构成振荡电路
SP	扬声器	1	8Ω/0.5W	发出门铃声音

【实训任务】

1. 用面包板搭接电路

用面包板搭接电路，并填写表 7-4。

表 7-4　搭接效果表

序　号	项　目	时　长	连接导线数量	学 生 自 评	组 长 评 价
1	搭接电路				

姓名：　　　　　组名：　　　　　组长签名：

2. 用万能板焊接电路

（1）按电路图在图 7-18 所示的单孔万能板中绘制电路元器件排列的布局图。

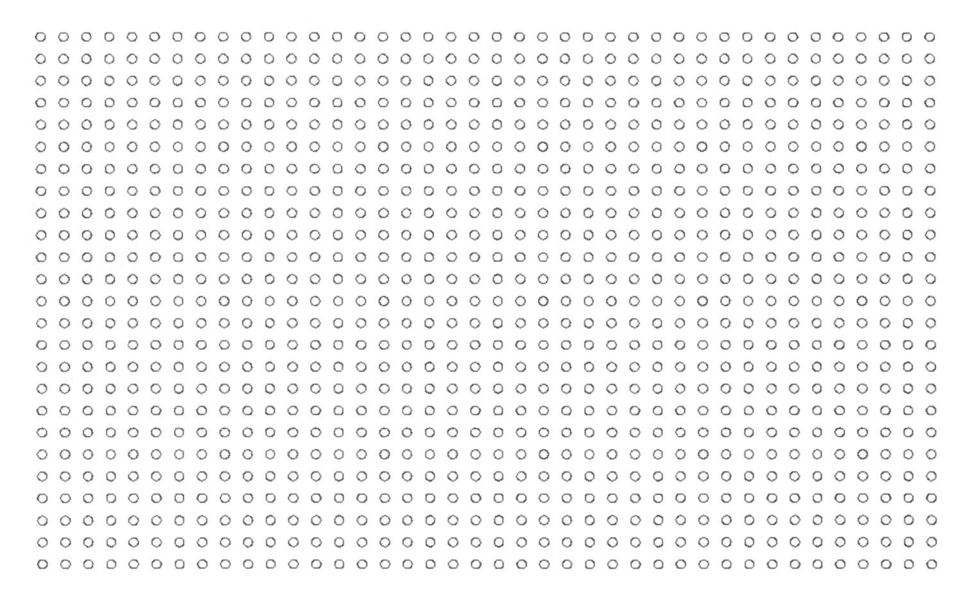

图 7-18　单孔万能板

（2）调试并检查焊接效果，填写表 7-5。

表 7-5　焊接效果表

序　号	项　目	数　据	调试结果	学生自评	组长评价
1	焊接时间				
2	损坏万能板铜箔数				
3	焊接工艺评价				

姓名：　　　　组名：　　　　组长签名：

【课后练习题】

画出 NE555 叮咚门铃电路原理图。

学习开关电路

任务一 模拟信号与数字信号

一、电子电路的信号

信号是用来传输信息的，是信息的载体，是反映信息的物理量。从广义上讲，它包含光信号、声信号和电信号等。在电子电路中将信号分为模拟信号和数字信号。模拟信号与数字信号的对比如图 8-1 所示。

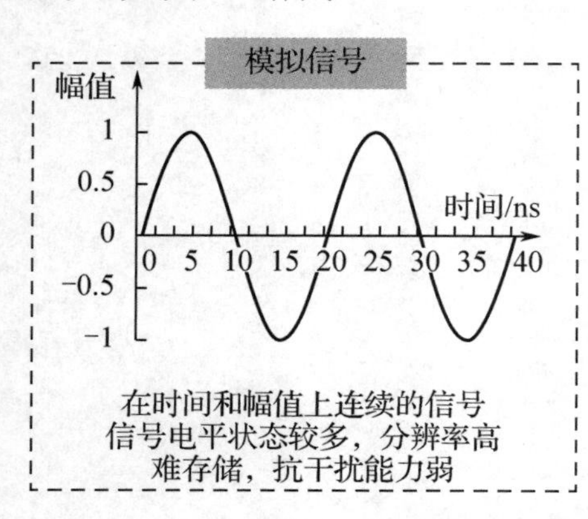

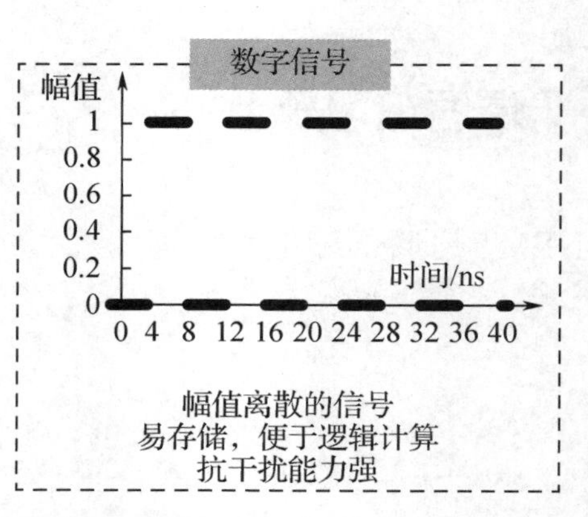

图 8-1 模拟信号与数字信号的对比

1．模拟信号

模拟信号是指信息参数在给定范围内表现为连续的信号，或在一段连续的时间间隔内，其代表信息的特征量可以在任意瞬间呈现为任意数值的信号，其幅度，或频率，或相位随时间连续变化。

图 8-2 所示为常见的模拟信号。通常我们采集和传输的信号都是模拟信号，它具有以下几个优点。

（1）精确的分辨率，理想情况下可以无限放大。

（2）处理过程相对简单。

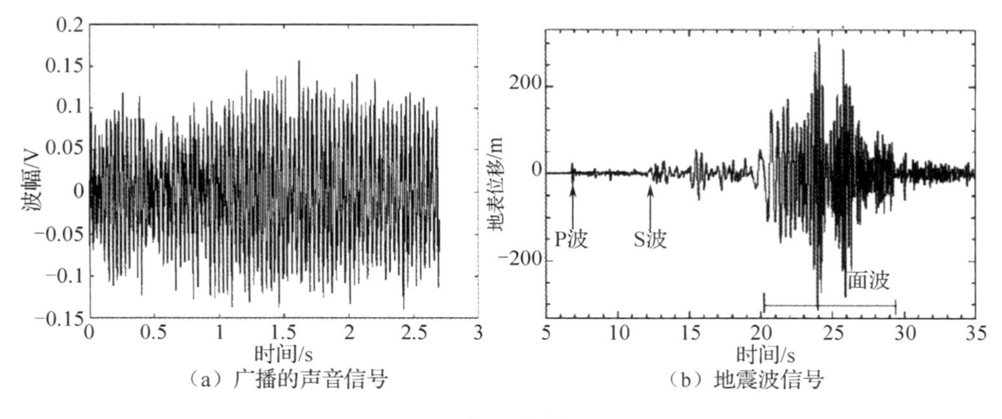

图 8-2　常见的模拟信号

2．数字信号

在数值上和时间上均不连续的信号称为数字信号或脉冲信号，如图 8-3 所示。二进制码就是一种常见的数字信号。普通计算机的逻辑功能是通过晶体管的导通和截止来实现的，而二进制恰恰是最适合完成这种功能的一种运算规则。数字计算机内部处理的信号就是数字信号，它具有以下几个优点。

（1）便于存储、处理和交换。

（2）抗干扰能力强。

（3）便于加密处理。

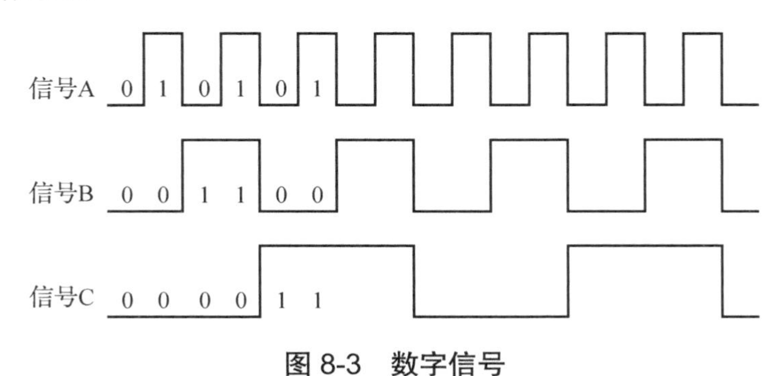

图 8-3　数字信号

二、常见的脉冲波形及其参数

1．脉冲与常见的脉冲波形

脉冲是指在极短的时间内出现的电压与电流的变化，它具有间断性与突变性的特点。

数字信号是一种具有突变特点的脉冲信号，通常数字信号指的是矩形脉冲。常见的脉冲波形如图 8-4 所示。这里所列举的脉冲波形有矩形波、锯齿波、尖脉冲波、三角波、阶梯波，这些都是常见的和常用的脉冲波形，它们都是按非正弦规律变化的、带有突变特点的电压或电流，这种作用时间极短的电压和电流分别称为脉冲电压和脉冲电流。

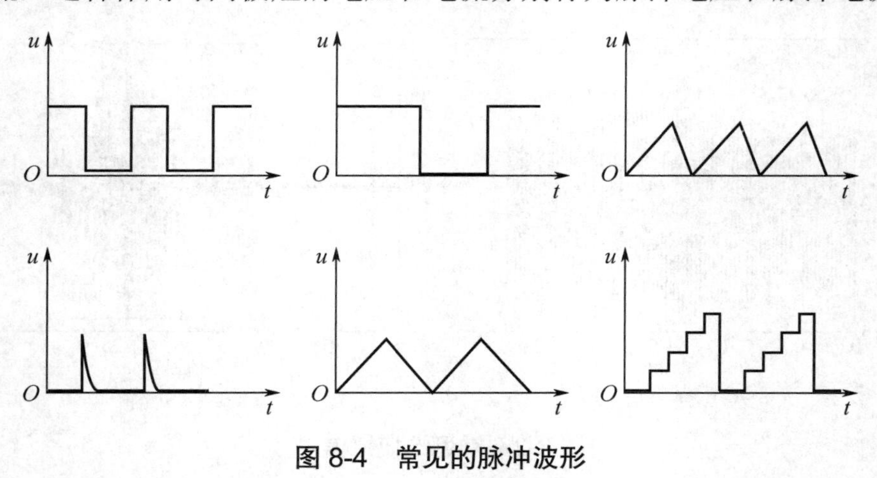

图 8-4　常见的脉冲波形

2．脉冲的主要参数

实际使用的矩形脉冲，其波形有时如图 8-5 所示。与图 8-4 相比，脉冲波形有一个上升沿和下降沿。因此，描述脉冲波形时，还需要增加上升时间和下降时间才能表述清楚。

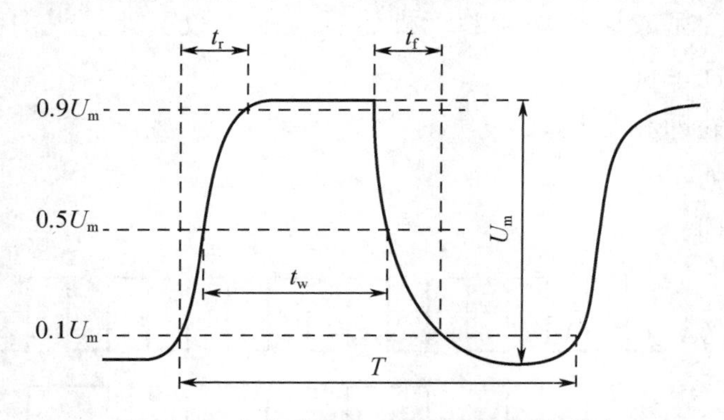

图 8-5　有上升沿和下降沿的矩形脉冲

（1）脉冲幅度。

脉冲幅度（U_m）是指脉冲电压或脉冲电流变化的最大值，通常用来度量脉冲的强弱，其值等于脉冲的最大值与最小值之差的绝对值。

（2）脉冲周期。

脉冲周期（T）是指两个相邻脉冲重复出现的时间间隔，其单位有秒（s）、毫秒（ms）等。也用脉冲周期的倒数——脉冲频率（f）来表示，即 $f=\dfrac{1}{T}$，其单位为 Hz。

（3）脉冲上升时间。

脉冲上升时间（t_r）是指脉冲从 $0.1U_m$ 上升到 $0.9U_m$ 所需的时间。

（4）脉冲下降时间。

脉冲下降时间（t_f）是指脉冲从 $0.9U_m$ 下降到 $0.1U_m$ 所需的时间。

（5）脉冲宽度。

脉冲宽度（t_w）是指脉冲从上升沿的 $0.5U_m$ 到下降沿的 $0.5U_m$ 所需的时间。

三、相关概念

1．信号转换

（1）模/数（A/D）转换。

A/D 表示模拟量到数字量的转换，依靠的是模/数转换器（Analog to Digital Converter，ADC）。

（2）数/模（D/A）转换。

D/A 表示数字量到模拟量的转换，依靠的是数/模转换器（Digital to Analog Converter，DAC）。

信号转换如图 8-6 所示。

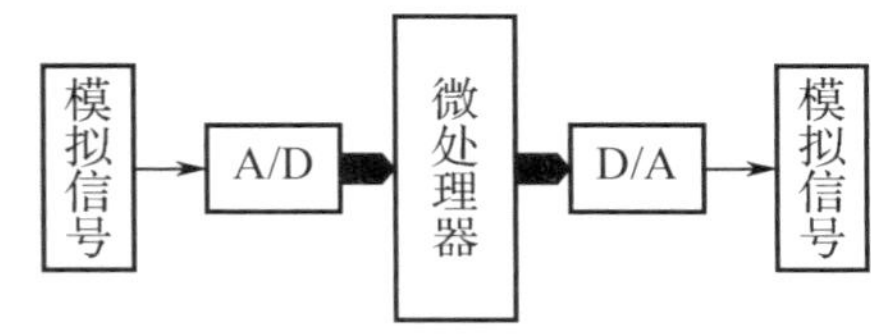

图 8-6　信号转换

2．信号调制和解调

（1）调制。

调制就是把一个信号进行处理后加到另一个频率的载波上。

信号调制示意图如图 8-7 所示。

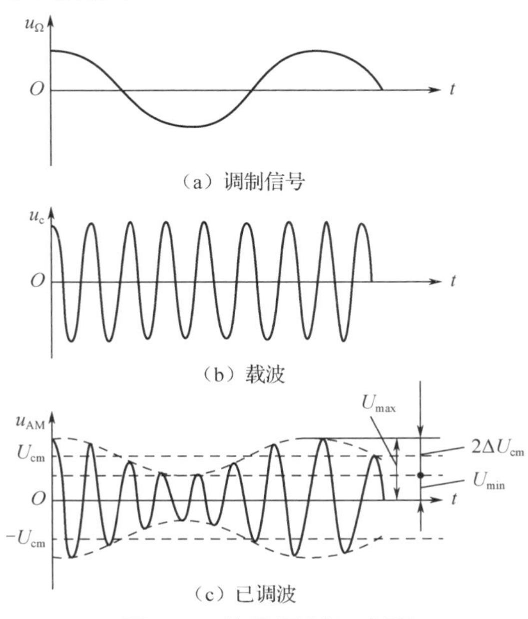

图 8-7　信号调制示意图

（2）解调。

解调就是在接收到带有信号的载波后把有用信号分离出来。

【实训任务】

1．认识示波器

示波器是一种用途十分广泛的电子测量仪器，其外形如图 8-8 所示。它能把肉眼看不见的电信号变换成肉眼看得见的图像，便于人们研究各种电现象的变化过程。常见的示波器有数字示波器和模拟示波器两种，其中多采用具有智能调节功能的数字示波器，使用起来非常简单方便。

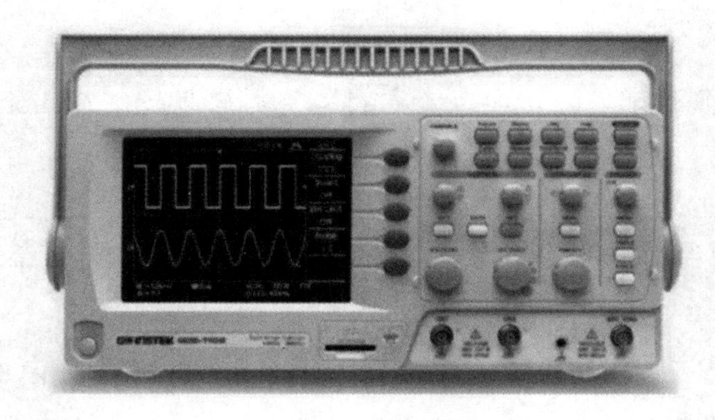

图 8-8　示波器外形

2．示波器探头

示波器探头在测试点或信号源和示波器之间建立了一条物理连接。示波器探头对测量结果的正确性及精确性至关重要，它是连接被测电路与示波器的电子部件。

以日常使用较多的 LP-16BX 探头为例，它的一端具有一个挂钩，检测波形时可以钩到电路的元器件引脚上，挂钩外有一个护套，内有弹簧。检测时用手将护套拉下，挂钩就会露出来。示波器探头中间有一个接地环和接地夹，用于与被检测的电路地线相连。使用时如果没有正确接地，就不能正常检测波形。示波器探头如图 8-9 所示。

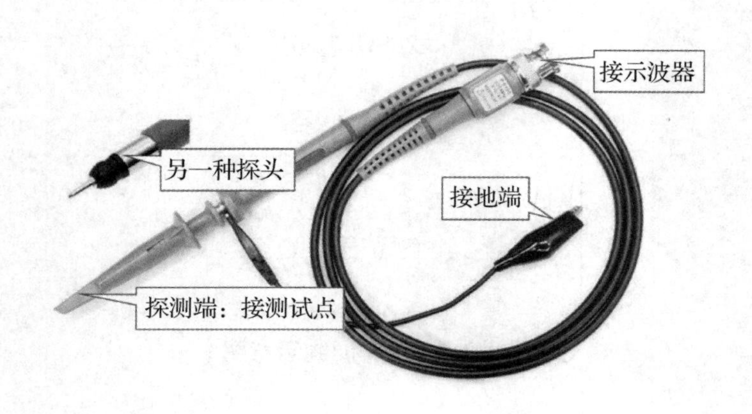

图 8-9　示波器探头

3．用示波器“Auto”键检测电路

（1）将示波器探头接入示波器输入端。

（2）打开示波器电源，校准示波器。

（3）短接叮咚门铃电路的轻触开关。

（4）将叮咚门铃电路接入电源，因轻触开关被短接，扬声器将持续输出“叮”的声音。

（5）将示波器探头接扬声器正极，接地端接扬声器负极。

（6）按示波器的“Auto”键，观察扬声器输出波形，并画到图 8-10 的空白处（横、纵轴的单位需学生补充）。

图 8-10　扬声器输出波形图

【课后练习题】

一、选择题

1．模拟信号是指信息参数在给定范围内表现为（　　）信号。

A．不连续的　　B．间断的　　C．周期性的　　D．连续的

2．（　　）就是把一个信号进行处理后加到另一个频率的载波上。

A．解调　　B．调制　　C．整流　　D．信号处理

3．示波器探头中间有一个接地环和接地夹，用于与被检测的电路（　　）相连。使用时如果没有正确接地，就不能正常检测波形。

A．地线　　B．相线　　C．中性线　　D．中线

4．用示波器“Auto”键检测叮咚门铃电路的扬声器输出波形，示波器（　　）接扬声器正极，（　　）接扬声器负极。

A．电源，接地端　　B．接地端，探头

C．电源，探头　　D．探头，接地端

二、填空题

1．＿＿＿＿＿＿＿＿在测试点或信号源和示波器之间建立了一条物理连接。

2．＿＿＿＿＿＿＿＿＿＿＿表示数字量到模拟量的转换，依靠的是数/模转换器。

3．常见的示波器有＿＿＿＿＿＿＿＿＿＿示波器和＿＿＿＿＿＿＿＿＿＿示波器两种。

任务二　认识三极管开关电路

单片机等智能芯片的引脚可以用程序来控制输出高、低电平。但是高电平不代表高电流，为了控制单片机等的发热问题，通常在电路设计中需要对单片机引脚的输入和输出电流有一定的限制。

一、认识单片机

单片机又称单片微控制器，是一种可进行编辑的集成电路芯片。它把一个计算机系统集成到一个芯片上，相当于一个微型计算机。

单片机集成了中央处理器（CPU）、随机存储器（RAM）、只读存储器（ROM）、多种 I/O 口和中断系统、定时/计数器等。它因体积小、质量轻、价格便宜等优点，被广泛应用于工业控制、智能仪表、实时工控、通信设备、导航系统、家用电器等领域。

各种产品用上了单片机后，能起到使产品升级换代的功效，常在产品名称前冠以形容词——“智能型”，如智能型洗衣机等。

二、单片机的驱动能力

1. 灌电流、拉电流

如图 8-11（a）所示，单片机输出低电平时，将允许外部器件向单片机灌入电流，这个电流称为“灌电流”，外部负载电路称为“灌电流负载”。

如图 8-11（b）所示，单片机输出高电平时，将允许外部器件从单片机拉出电流，这个电流称为“拉电流”，外部负载电路称为“拉电流负载”。

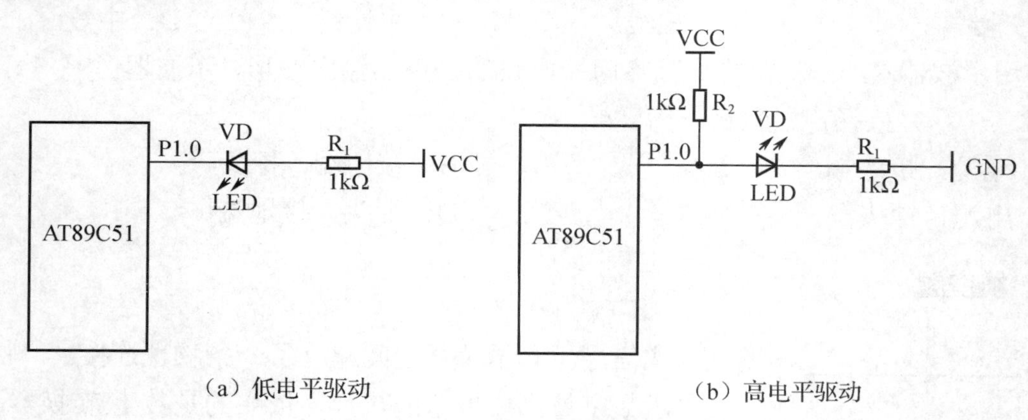

图 8-11　单片机的驱动方式

2. AT89C51 单片机的性能特点

以 AT89C51 单片机为例，查阅手册文件可以得知：

（1）关于灌电流。

- Maximum IOL per port pin:10mA;
- Maximum IOL per 8-bit port:Port0:26mA,Ports1,2,3:15mA;
- Maximum total I for all output pins:71mA.

翻译成中文是：

- 每个引脚在输出低电平时，允许外部电路向引脚灌入的最大电流为 10mA；
- 每个 8 位的接口（P1、P2 及 P3），允许向引脚灌入的总电流最大为 15mA，而 P0 的能力强一些，允许向引脚灌入的总电流最大为 26mA；
- 全部的 4 个接口所允许的灌电流之和最大为 71mA。

（2）关于拉电流。

单片机的每个 I/O 引脚输出高电平时，输出电流约为 10mA；各引脚都输出高电平时，尽管电压为 2.8～VCC（单位：V），但驱动能力相当有限，平均输出电流不到 1mA。

> **注：** 单片机驱动外围电路应该尽量选择“灌电流”的模式，即低电平有效，驱动能力较强。而选择高电平有效时，输出电流较小，驱动能力有限。

三、基本开关电路

基本开关电路是一种应用广泛的重要电路，主要包括数字开关电路、模拟开关电路和机械开关电路 3 种。

1. 数字开关电路

数字开关电路主要由三极管或 MOS 管组成，这种开关电路广泛应用于开关电源、电机驱动、LED 驱动和继电器驱动等场合，是一种最为常用的开关电路。

2. 模拟开关电路

由于模拟信号的抗干扰能力不如数字信号，如三极管的基极电流会对模拟信号产生较大的干扰作用，因此常常使用 MOS 管而不是三极管。模拟开关电路广泛应用于高频天线开关、传感器模拟开关、音视频模拟开关等模拟信号的开关场合，也是非常常用的一种开关电路。

3. 机械开关电路

单刀/双刀开关、继电器开关等都属于机械开关的范畴。机械开关的显著缺点是开关频率很低，开关器件体积较大，而且寿命较短；机械开关的优点是开关损耗很小，隔离度非常高，而且可以实现掉电保持功能。由于机械开关电路的原理非常简单，这里不再详细介绍。

四、三极管开关电路

嵌入式系统要想控制执行电路（如灯、电机、继电器、蜂鸣器等），一般采用三极管开关电路作为开关电路。开关电路在单片机电路设计中经常用到，一般有两个作用：一是电平的转换；二是增加单片机 I/O 口的驱动能力。

三极管在嵌入式系统中的应用如图 8-12 所示。

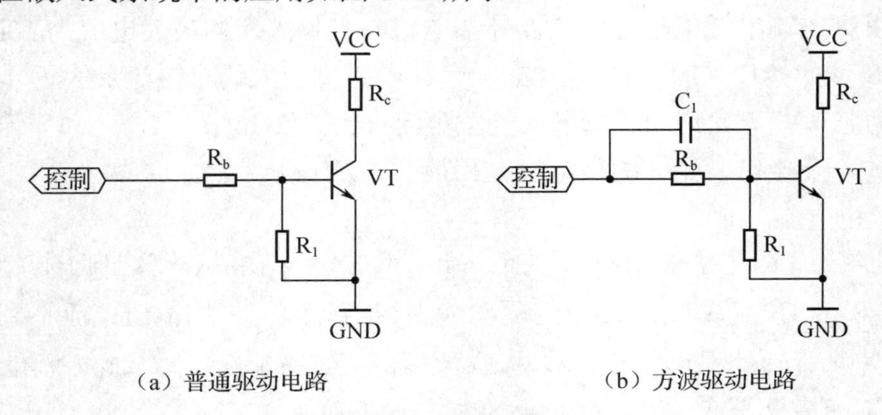

（a）普通驱动电路　　（b）方波驱动电路

图 8-12　三极管在嵌入式系统中的应用

1. 普通驱动电路

因嵌入式系统 I/O 口输出的电流较小，可通过电阻 R_b 在三极管基极产生电流，并通过三极管的放大作用，驱动负载 R_c 正常运行。

2. 方波驱动电路

如果想要驱动无源蜂鸣器或步进电机，那么就要在控制端输入一个方波信号进行控制，这时就需要三极管进行快速切换，想要加快三极管切换速度就要在 R_b 上并联一个加速电容，如图 8-12（b）所示。

【实训任务】

根据图 8-13 中的两个电路，分析单片机输入高、低电平时，三极管状态和 DOC 输出电平，将结果填入表 8-1 中。

表 8-1　开关电路的电平分析

	DO 电平	三极管状态	DOC 输出电平
电路 1	高电平（1）		
	低电平（0）		

续表

	DO 电平	三极管状态	DOC 输出电平
电路 2	高电平（1）		
	低电平（0）		

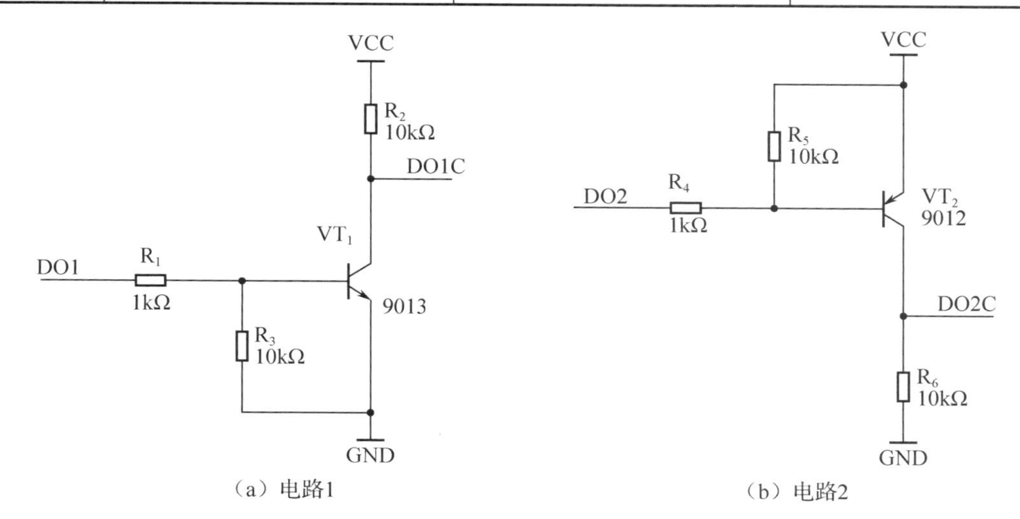

图 8-13　电路分析

【课后练习题】

一、选择题

1.（　　）又称单片微控制器，是一种可进行编辑的集成电路芯片。它把一个计算机系统集成到一个芯片上，相当于一个微型计算机。

A．芯片　　B．集成电路　　C．单片机　　D．微电路

2．AT89C51 单片机的每个引脚在输出低电平时，允许外部电路向引脚灌入的最大电流为（　　）。

A．10mA　　B．20mA　　C．30mA　　D．40mA

3. 嵌入式系统要想控制执行电路（如灯、电机、继电器、蜂鸣器等），一般采用（　　）作为开关电路。

A．数字开关电路　　B．模拟开关电路

C．机械开关电路　　D．三极管开关电路

4．因嵌入式系统 I/O 口输出的电流较小，可通过电阻 R_b 在三极管基极产生电流，并通过三极管的（　　）作用，驱动负载 R_c 正常运行。

A．截止　　B．开关　　C．放大　　D．饱和

二、填空题

1. 单片机输出高电平时，将允许外部器件从单片机拉出电流，这个电流称为“拉电流”，

外部负载电路称为____________________。

2. 数字开关电路主要由____________________________组成，这种开关电路广泛应用于开关电源、电机驱动、LED 驱动和继电器驱动等场合，是一种最为常用的开关电路。

三、画图题

画出单片机的两种驱动方式示意图。

任务三 认识继电器开关电路

继电器（Relay）是一种电控制器件，是用小电流控制大电流运作的一种自动开关，通常应用于自动化的控制电路中，在电路中起着自动调节、安全保护、转换电路等作用。常见的继电器如图 8-14 所示。

图 8-14 常见的继电器

一、继电器的种类

继电器的种类很多，按输入量可分为电压继电器、电流继电器、时间继电器、速度继电器、压力继电器等；按工作原理可分为电磁式继电器、感应式继电器、电动式继电器、电子式继电器等；按用途可分为控制继电器、保护继电器等；按输入量变化形式可分为有无继电器和量度继电器。电压继电器、电流继电器和时间继电器如图 8-15 所示。

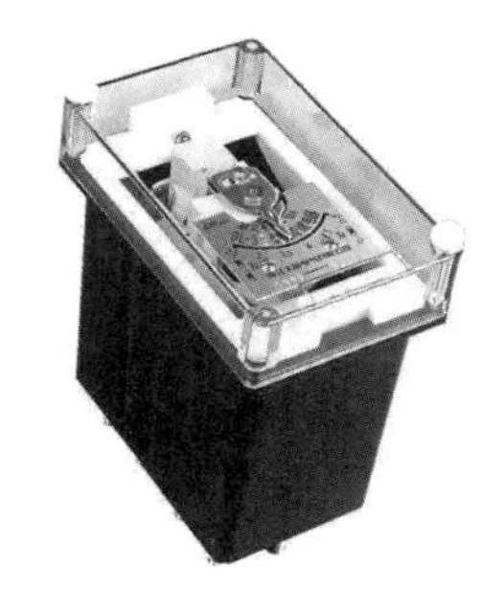

（a）电压继电器　（b）电流继电器　（c）时间继电器

图 8-15　电压继电器、电流继电器和时间继电器

二、继电器的符号

控制电路中的继电器大多数是电磁式继电器，它由线圈和触点组两部分组成。继电器在电路图中的图形符号也包括两部分：一个长方框表示线圈；一组触点符号表示触点组。继电器的图形符号如图 8-16 所示。

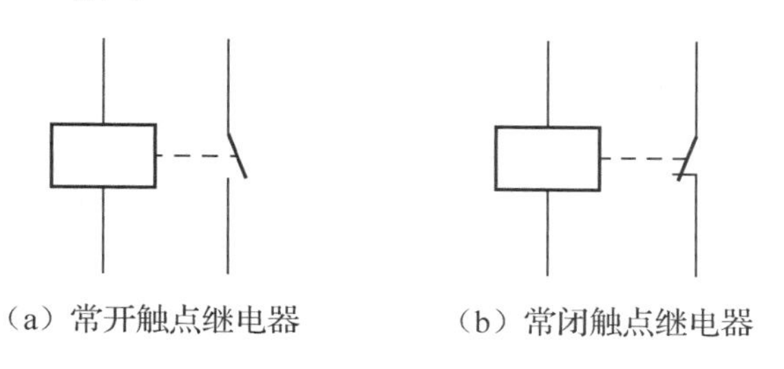

（a）常开触点继电器　（b）常闭触点继电器

图 8-16　继电器的图形符号

继电器用英文符号 K 表示。细分时应用双字母表示：电压继电器 KV、电流继电器 KA、时间继电器 KT、频率继电器 KF、压力继电器 KP、控制继电器 KC、信号继电器 KS、接地继电器 KE。

三、电磁式继电器

电磁式继电器具有结构简单、价格低、使用与维护方便、触点容量小（一般在 5A 以下）、触点数量多且无主辅之分、无灭弧装置、体积小、动作迅速准确、控制灵敏、可靠等特点，广泛地应用于低压控制系统中。常用的电磁式继电器有电流继电器、电压继电器、中间继电器及各种小型通用继电器等。

图 8-17 所示为电磁式继电器的结构和图形符号。

注：电磁式继电器靠机械动作实现开关动作，属于机械开关。

固态继电器利用场效应管、三极管等电子器件实现开关动作，属于电子开关。

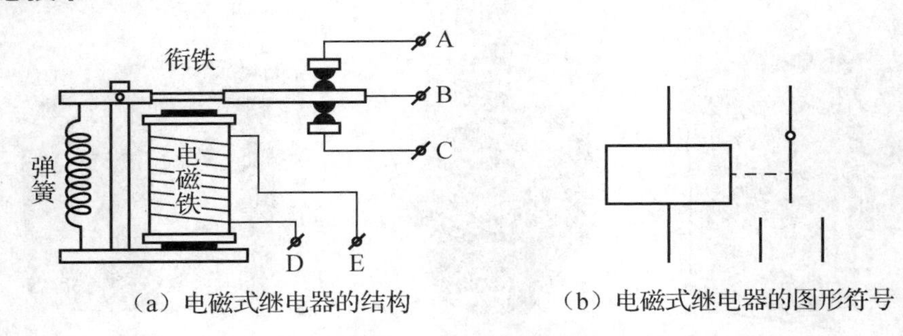

图 8-17 电磁式继电器的结构和图形符号

四、常用的小功率继电器

如图 8-18 所示，阅读小功率继电器的参数：

- 05VDC——线圈直流工作电压为 5V。
- 10A 250VAC——触点可以连接额定电压为 250V、额定电流为 10A 的交流电。
- 10A 30VDC——触点可以连接额定电压为 30V、额定电流为 10A 的直流电。

图 8-18 常用的小功率继电器

五、继电器应用电路

当用三极管驱动继电器时，推荐用 NPN 型三极管，具体电路如图 8-19 所示。

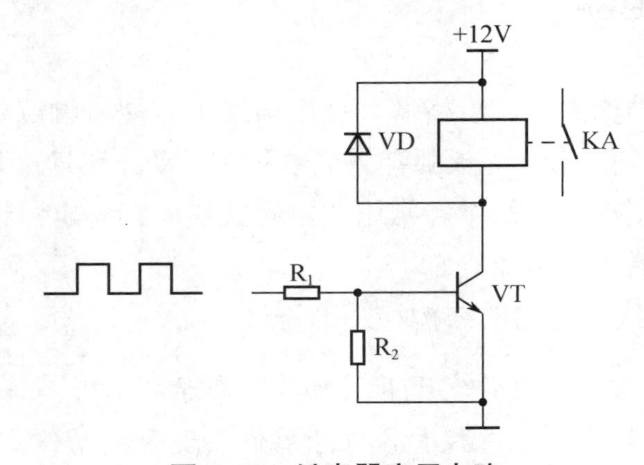

图 8-19 继电器应用电路

当输入高电平时，三极管 VT 饱和导通，继电器线圈通电，触点吸合。

当输入低电平时，三极管 VT 截止，继电器线圈断电，触点断开。

该电路中各元器件的作用：三极管 VT 为控制开关；电阻 R_1 主要起限流作用，降低三极管 VT 功耗；电阻 R_2 使三极管 VT 可靠截止；二极管 VD 反向续流，为三极管 VT 由导通转向关断时给继电器线圈中的自感电动势提供泄放通路，并将其电压钳位在+12V。

【实训任务】

用面包板搭接电路，并填写表 8-2。

表 8-2　搭接效果表

序　号	项　目	时　长	连接导线数量	学 生 自 评	组 长 评 价
1	搭接电路				

姓名：　　　　组名：　　　　组长签名：

【课后练习题】

一、选择题

1．继电器（Relay）是一种电控制器件，是用小电流控制大电流运作的一种（　　），通常应用于自动化的控制电路中，在电路中起着自动调节、安全保护、转换电路等作用。

A．机械开关　　B．基本开关　　C．自动开关　　D．自锁开关

2．电磁式继电器由（　　）和（　　）两部分组成。

A．线圈，触点组　　B．线圈，常闭触点组

C．线圈，常开触点组　　D．线圈，按钮

3．表示继电器线圈直流工作电压为 5V 的是（　　）。

A．05VAC　　B．05ADC　　C．05VDC　　D．05DC

二、填空题

1．继电器的种类很多，按输入量可分为________________、________________、时间继电器、速度继电器、压力继电器等。

2．固态继电器利用场效应管、三极管等电子器件实现____________动作，属于电子开关。

3．“10A　30VDC”表示触点可以连接_____________为 30V、______________为 10A 的_______________。

三、画图题

画出常开触点继电器和常闭触点继电器的图形符号。

任务四　认识并焊接51/52单片机电路

一、MCS-51系列单片机

MCS-51系列单片机是由美国Intel公司生产的一系列单片机的总称，这一系列单片机包括了许多品种，如8031、8051、8751、8032、8052、8752等，其中8051是最早最典型的产品，该系列其他单片机都是在8051的基础上进行功能的增、减、改变而来的，所以人们习惯用8051来称呼MCS-51系列单片机。

1. STC89C52单片机的主要性能

STC89C52单片机是STC公司生产的一种低功耗、高性能CMOS 8位微控制器，具有8KB在系统可编程Flash。STC89C52单片机使用经典的MCS-51内核，但做了很多的改进使得芯片具有传统51单片机不具备的功能。STC89C52单片机为众多嵌入式控制应用系统提供高灵活、有效的解决方案。

它具有以下标准功能：8KB Flash，512B RAM，32位I/O口线，看门狗定时器，内置4KB EEPROM，MAX810复位电路，3个16位定时/计数器，4个外部中断，1个7向量4级中断结构（兼容传统51单片机的5向量2级中断结构），全双工串行口。

另外，STC89C52单片机可降至0Hz静态逻辑操作，支持2种软件可选择节电模式。空闲模式下，CPU停止工作，允许RAM、定时/计数器、串口、中断继续工作。掉电保护方式下，RAM 内容被保存，振荡器被冻结，单片机一切工作停止，直到下一个中断或硬件复位为止。

它的最高运作频率为35MHz，6T/12T可选（默认12T模式）。

STC89C52单片机的实物图如图8-20所示。

图8-20　STC89C52单片机的实物图

2. STC89C52单片机引脚功能

STC89C52单片机的DIP（双列直插）封装芯片共有40个引脚，采用引脚复用技术（一个引脚可有两种功能，分别称为第一功能和第二功能），可满足单片机引脚数目不够而功能较多的需要。STC89C52单片机引脚图如图8-21所示。

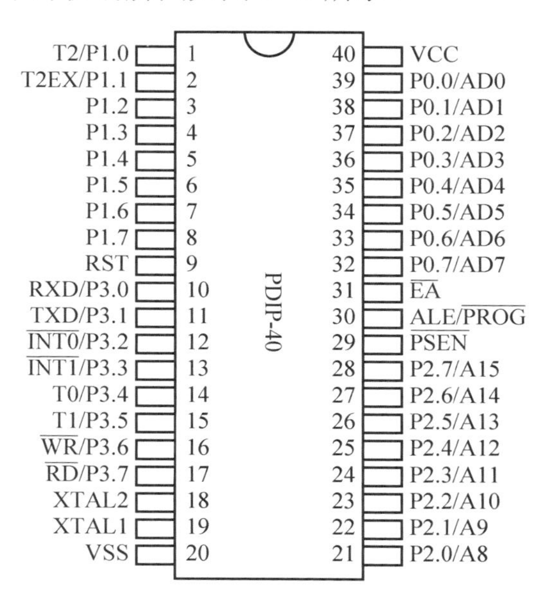

图8-21 STC89C52单片机引脚图

STC89C52单片机的各引脚介绍如下。

（1）主电源引脚（2根）。

VCC（Pin40）：电源输入，接+5V电源。

VSS（Pin20）：接地线。

（2）外接晶振引脚（2根）。

XTAL1（Pin19）：片内振荡电路的输入端。

XTAL2（Pin18）：片内振荡电路的输出端。

（3）控制引脚（4根）。

RST（Pin9）：复位引脚，引脚上出现2个机器周期的高电平将使单片机复位。

ALE/$\overline{\text{PROG}}$（Pin30）：地址锁存允许信号。

$\overline{\text{PSEN}}$（Pin29）：外部存储器读选通信号。

$\overline{\text{EA}}$（Pin31）：程序存储器的内外部选通信号，若接低电平，则从外部程序存储器读指令；若接高电平，则从内部程序存储器读指令。

（4）可编程I/O引脚（32根）。

STC89C52单片机有4组8位的可编程I/O口，分别为P0、P1、P2、P3口，每个I/O口有8位（8根引脚），共32根引脚。

P0口（Pin39～Pin32）：8位双向I/O口线，名称为P0.0～P0.7。

P1口（Pin1～Pin8）：8位准双向I/O口线，名称为P1.0～P1.7。

P2 口（Pin21～Pin28）：8 位准双向 I/O 口线，名称为 P2.0～P2.7。

P3 口（Pin10～Pin17）：8 位准双向 I/O 口线，名称为 P3.0～P3.7。

二、单片机电路

根据单片机可以编写程序的性能，可以用单片机构成很多复杂的控制电路。通过编程可以实现不同的电路功能。

图 8-22 所示为 STC89C52 单片机控制的单向交通灯电路图，它结合了继电器的综合应用。

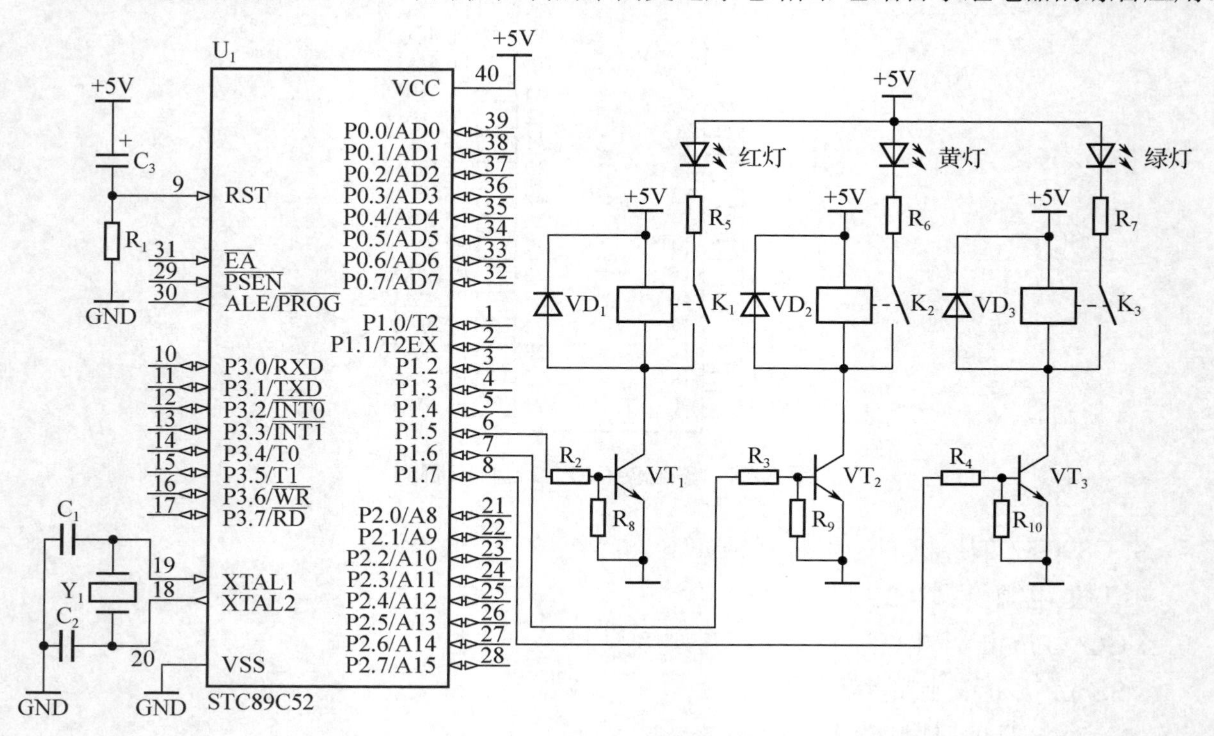

图 8-22　STC89C52 单片机控制的单向交通灯电路图

> 注：电路中单片机的供电与接地一般不在电路图中体现，但是在焊接电路时需要记得焊接。

单片机控制装置安装与调试的一般流程如下。

（1）电路设计。

（2）电路仿真。

（3）连接电路。

（4）程序设计与调试。

（5）编译程序并烧写芯片。

（6）完成电路上电测试。

电路工作原理：单片机采用开机复位，C_3 和 R_1 组成开机复位电路，C_1、C_2、Y_1 组成晶振电路，为单片机提供稳定的时钟频率。单向的交通灯控制电路以红灯控制电路为例，当单片机引脚 P1.5 输出高电平时，三极管 VT_1 导通，继电器 K_1 线圈获电，吸附开关闭合，红灯、R_5 和 VT_1 构成闭合回路，红灯亮；当单片机引脚 P1.5 输出低电平时，三极管 VT_1 截止，继电器 K_1 断电，开关断开，红灯灭；R_2 和 R_8 通过分压，使三极管 VT_1 可靠截止，R_5 是限流电阻，二极管 VD_1 反向续流，为三极管 VT_1 由导通转向关断时给继电器 K_1 线圈中的自感电动势提供泄放通路，并将其电压钳位在+5V。通过编写程序控制单片机引脚 P1.5、P1.6、P1.7 输出高电平的时间和顺序，实现单向交通灯功能。

【实训任务】

（1）按图 8-22 在图 8-23 所示的单孔万能板中绘制电路元器件排列的布局图。

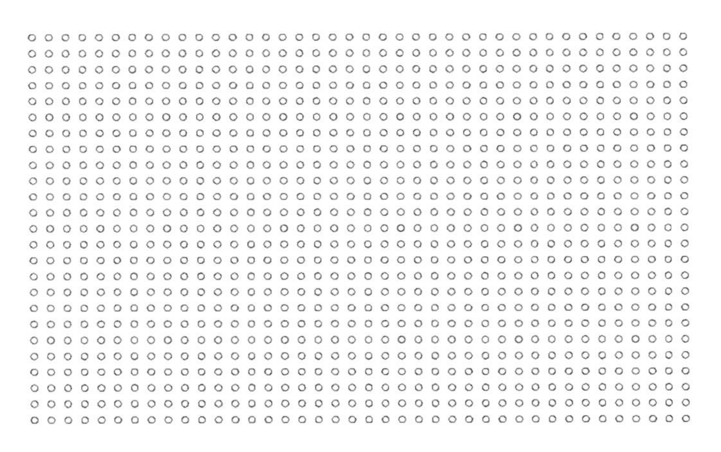

图 8-23 单孔万能板

（2）根据表 8-3 元器件清单和（1）设计的布局图，正确焊接 STC89C52 单片机控制的单向交通灯电路。

表 8-3 元器件清单

序 号	元器件标号	元器件名称	标称值/型号
1	R_1	电阻	10kΩ
2	R_2、R_3、R_4	电阻	1kΩ
3	R_5、R_6、R_7	电阻	3kΩ
4	R_8、R_9、R_{10}	电阻	470Ω
5	VD_1、VD_2、VD_3	二极管	1N4007
6	VT_1、VT_2、VT_3	三极管	9013
7	红灯、黄灯、绿灯	发光二极管	5mm 圆头高亮发光二极管
8	Y_1	晶体振荡器	12MHz
9	K_1、K_2、K_3	继电器	05VDC
10	C_1、C_2	陶瓷电容	30pF
11	C_3	电解电容	10μF
12	U_1	单片机	STC89C52

（3）检查焊接效果，填写表 8-4。

表 8-4　焊接效果表

序　号	项　目	数　据	调试结果	学生自评	组长评价
1	焊接时间				
2	损坏万能板铜箔数				
3	焊接工艺评价				

姓名：　　　　　　组名：　　　　　　组长签名：

（4）将已烧写程序的单片机嵌入电路并调试电路，完成电路功能，填写表 8-5。

表 8-5　功能调试表

序号	项　目	测量内容	测量数据	调试结果	学生自评	组长评价
1	单片机是否正常供电	U_1 的 40 脚电压				
2	开机复位	开机瞬间，U_1 的 9 脚电压				
3	继电器是否正常工作	听有无机械动作声音				
4	红灯、黄灯、绿灯是否正常工作	观察亮灭情况				

姓名：　　　　　　组名：　　　　　　组长签名：

STC89C52 单片机控制的单向交通灯电路程序如下。

```
#include <STC89C5xRC.H>
 sbit re=P1^5;                    //定义 P1.5 脚控制红灯
 sbit ye=P1^6;                    //定义 P1.6 脚控制黄灯
 sbit ge=P1^7;                    //定义 P1.7 脚控制绿灯
 void Timer0Init(void)            //100ms@11.0592MHz，定时初始化
{
      TMOD |= 0x01;               //设置定时器模式
      TL0 = 0x66;                 //设置定时初值
      TH0 = 0xFC;                 //设置定时初值
      TF0 = 0;                    //清除 TF0 标志
      EA=1;
      ET0=1;
      TR0 = 1;                    //定时器 T0 开始计时
}
unsigned int time=0,miao;         //定义 time miao 的类型
main()                            //主程序
{
      Timer0Init();               //调用定时器初始化
    re=ge=ye=0;                   //红、黄、绿三盏灯开机不亮
    while(1)
    {
       re=1;                      //红灯亮
       miao=30;
```

```
    while(miao);                        //定时 30s
    re=0;                               //红灯灭

    miao=3;
    ye=1;                               //黄灯亮
    while(miao);                        //定时 3s
    ye=0;                               //黄灯灭

    miao=30;
    ge=1;                               //绿灯亮
    while(miao);                        //定时 30s
    ge=0;                               //绿灯灭
     }
}

void Timer0(void)    interrupt 1            //1s 定时子程序@11.0592MHz
{
    TR0=1;
    time++;
    if(time>=10){
              time=0;
              miao--;
  if(miao<=0)miao=0;
   }
}
```

【课后练习题】

一、选择题

1．STC89C52 单片机共有 40 个引脚，其采用（　　）的封装形式。

A．单列直插　　B．双列直插　　C．球栅阵列　　D．四侧引脚扁平

2．STC89C52 单片机有（　　）可编程 I/O 口。

A．2 组 8 位，共 16 个　　B．3 组 8 位，共 24 个

C．3 组 10 位，共 30 个　　D．4 组 8 位，共 32 个

3．STC89C52 单片机的主电源为 VCC（Pin40）接（　　），VSS（Pin20）接（　　）。

A．+5V 电源，5V 电源　　B．+9V 电源，-9V 电源

C．+12V 电源，地线　　D．+5V 电源，地线

二、画图题

画出本任务介绍的 STC89C52 单片机控制的单向交通灯电路图。

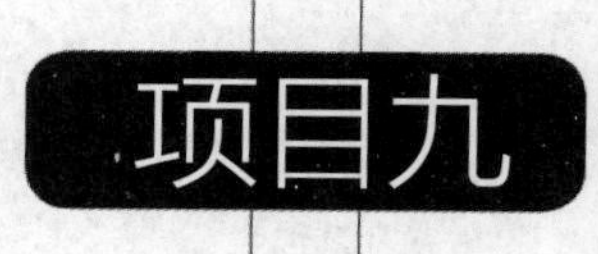

学习传感器套件

任务一 认识传感器

传感器是指能感受规定的被测量并按照一定的规律转换成可用信号的器件或装置。由此可见，传感器是一种用于检测的装置，它将被测量的信息按某种规律（数学函数法则）转换为电信号或其他形式的输出信号，以满足信息收集、处理、存储、显示和控制等要求。

一、传感器的组成

传感器的种类繁多，其工作原理、性能特点和应用领域各不相同，所以结构、组成差异很大。但总体来说，传感器通常由敏感元件、转换元件和基本转换电路组成，有时还将加上辅助电源，为设备供电，如图 9-1 所示。

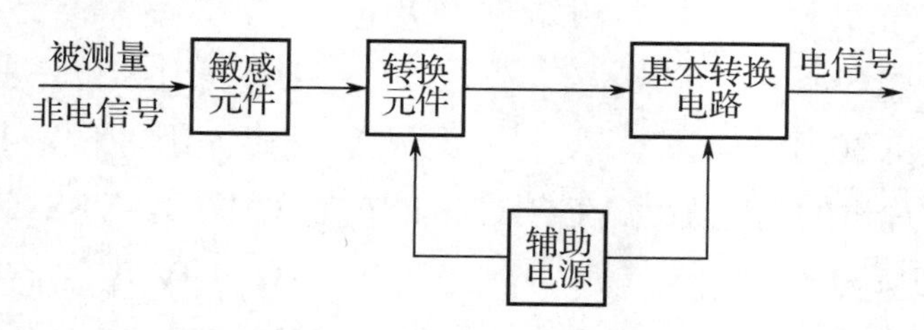

图 9-1 传感器组成框图

1. 敏感元件

敏感元件是传感器中能直接感受被测量，并输出与被测量呈确定关系的某一物理量的元件。敏感元件是传感器的核心，也是研究、设计和制作传感器的关键。

2. 转换元件

转换元件是传感器中能将敏感元件输出的物理量转换成适合传输或测量的电信号的部分。需要指出的是，并不是所有的传感器都能明显地区分敏感元件和转换元件这两部分，有的传感器的转换元件不止一个，需要经过若干次的转换；有的则是合二为一。

3. 基本转换电路

基本转换电路简称“转换电路”或“测量电路”，它的作用是将转换元件输出的电信号进行进一步转换和处理，以获得更好的品质特性，便于后续电路实现显示、记录、处理及控制等功能。

4. 辅助电源

辅助电源是保证传感器正常工作的电源，主要为需要电源才能工作的转换元件和基本转换电路供电。但也有一些传感器不需要辅助电源也可以正常工作，如压电式传感器。

例如，光敏电阻就是一种传感器，它将自然界的光线变换成对应的电阻变化。当光线变暗时，光敏电阻的阻值变大。利用其阻值变化的特点控制电路的状态，可实现控制路灯的功能。光敏电阻就是敏感元件和转换元件合二为一的一种传感器。

二、传感器的分类

传感器种类繁多，分类方法主要有以下几种，如表 9-1 所示。

表 9-1 传感器分类

分类方法	传感器的种类	说明
按工作原理分类	应变式传感器、电容式传感器、电感式传感器、压电式传感器、热电式传感器等	以工作原理命名
按被测物理量分类	位移传感器、速度传感器、温度传感器、压力传感器等	以被测物理量命名
按物理现象分类	结构型传感器	根据结构参数的变化实现信息转换
	物性型传感器	根据敏感元件物理特性的变化实现信息转换
按能量关系分类	能量转换型传感器	直接将被测量的能量转换为输出的能量
	能量控制型传感器	外部供给能量，由被测量控制输出的能量
按输出信号分类	模拟式传感器	输出量为模拟量
	数字式传感器	输出量为数字量

三、传感器检测系统的基本组成

一个传感器检测系统通常具备以下功能：①能激励被测对象，使其产生表示其特征的信号；②能对信号进行转换、传输、分析、处理和显示；③能最终提取被测对象中的有用信息。一个完整的传感器检测系统通常由激励装置、测量装置、数据处理装置和显示记录装置4部分组成，如图9-2所示。

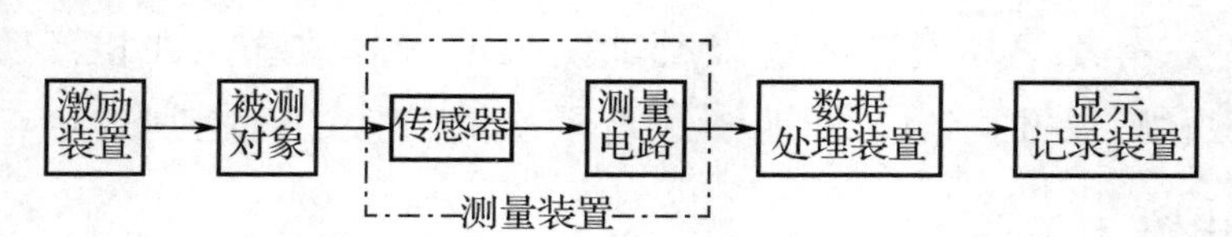

图9-2 传感器检测系统

1．激励装置

激励装置是用来激励被测对象产生表征信号的一种装置，它的核心设备是信号发生器，由信号发生器产生各种信号激励被测对象。

2．测量装置

测量装置是把被测对象产生的信号转换成易于处理和记录的信号的一种装置，包括传感器和测量电路。其中传感器是系统的信号获取部分，它把被测物理量转换为以电量为主要形式的信号；测量电路对传感器输出的信号进行加工，使其变成所需要的便于传输、显示、记录及进一步处理的信号。常见的测量电路形式与功能如表9-2所示。

表9-2 常见的测量电路形式与功能

电 路 形 式	电 路 功 能
阻抗变换电路	在传感器输出为高阻抗的情况下，变换为低阻抗，以便于测量电路准确地拾取传感器的输出信号
放大电路	将微弱的传感器输出信号放大
电流-电压转换电路	将传感器输出的电流转换成电压
电桥电路	将传感器的电阻、电容、电感变化转换为电流或电压变化
频率-电压转换电路	将传感器输出的频率信号转换为电流或电压
线性化电路	在传感器的特性不是线性的情况下，用来进行线性校正
对数压缩电路	当传感器输出信号的动态范围较宽时，用对数电路进行压缩

3．数据处理装置

数据处理装置主要对测量装置输出的信号进行处理、运算、分析。随着计算机技术的广泛应用，通常采用计算机进行数据处理。

4．显示记录装置

显示记录装置把检测到的信号变换成人们熟悉和理解的形式，以便人们观察、分析。显示方式有模拟显示、数字显示和图像显示3种。显示记录装置可以记录测得的信号的图像和数据，也可以记录被测对象的变化过程，而且可以按实际需要进行重放。

四、常用传感器成品

1．温湿度传感器

温湿度传感器多以温湿度一体式的探头作为测温元件，将温度和湿度信号采集出来，经处理后，转换成与温度和湿度呈线性关系的电流信号或电压信号输出。温湿度传感器如图 9-3 所示。

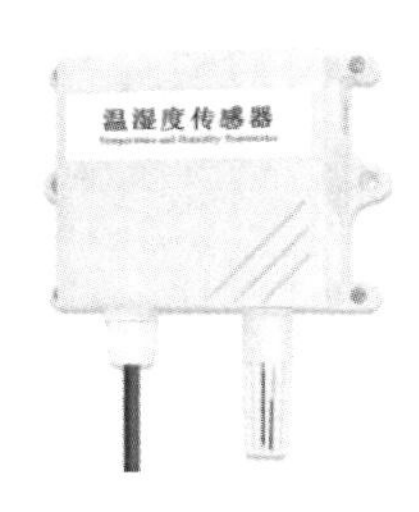

图 9-3　温湿度传感器

2．光照度传感器

光照度传感器是将光照度大小转换成电信号的一种传感器。光照度传感器如图 9-4 所示。

图 9-4　光照度传感器

3．风速传感器

风速传感器是用来测量风速的设备，外形小巧、轻便，主要应用于气象、农业、船舶等领域，可长期在室外使用。风速传感器如图 9-5 所示。

图 9-5　风速传感器

4．空气质量传感器

空气质量传感器常用于监测空气中的污染物浓度情况，是空气净化器及新风系统的重要组成部分。空气质量传感器如图 9-6 所示。

图 9-6　空气质量传感器

5．烟雾探测器

烟雾探测器也被称为感烟式火灾探测器、烟感探测器、感烟探测器、烟感探头和烟感传感器，主要应用于消防系统，在安防系统建设中也有应用。烟雾探测器如图 9-7 所示。

图 9-7　烟雾探测器

6．燃气探测器

燃气探测器就是燃气泄漏检测报警仪器。当工业环境中燃气泄漏，燃气探测器检测到燃气浓度达到爆炸或中毒报警器设置的临界点时，燃气探测器就会发出报警信号，以提醒工作人员采取安全措施。燃气探测器可安装驱动排风、切断、喷淋系统，防止发生爆炸、火灾、中毒事故，从而保障安全生产。燃气探测器可以检测出燃气浓度，经常用在化工厂、石油、燃气站、钢铁厂等有燃气泄漏的地方。燃气探测器如图 9-8 所示。

图 9-8　燃气探测器

7．人体红外感应器

热释电传感器是一种传感器，又称人体红外感应器，用于生活的防盗报警、来客告知等，其采用的原理是将释放的电荷经放大器转换为电压输出。人体红外感应器如图 9-9 所示。

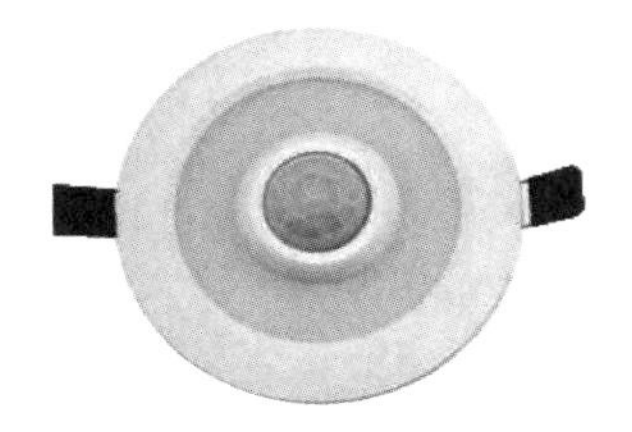

图 9-9　人体红外感应器

8．红外对射

红外对射全名为“主动红外入侵探测器”，其基本的构造包括发射端、接收端、光束强度指示灯、光学透镜等。其侦测原理是利用红外发光二极管发射的红外线，经过光学透镜做聚焦处理，使光线传至很远距离，最后光线由接收端的光电二极管接收。当有物体挡住发射端发射的红外线时，由于接收端无法接收到红外线，所以会发出警报。红外线是一种不可见光，而且会扩散，投射出去之后，在起始路径阶段会形成圆锥体光束，随着发射距离的增加，其理想强度与发射距离呈反平方衰减。当物体越过其探测区域时，遮断红外射束而引发警报。传统型红外对射只有两光束、三光束、四光束类型，常用于室外围墙报警。红外对射如图 9-10 所示。

图 9-10　红外对射

【实训任务】

观察传感器成品的特点，识别传感器成品名称，并填写表 9-3。

表 9-3　常用传感器的识别

序　　号	传感器成品名称	特　　点

【课后练习题】

一、选择题

1．传感器中转换元件的作用是（　　）。

A．输出与被测量呈确定关系的某一物理量

B．将物理量转换成适合传输或测量的电信号

C．对电信号进行进一步转换和处理

D．以上都不对

2．传感器按输出信号分类，分为（　　）。

A．结构型传感器和物性型传感器

B．能量转换型传感器和能量控制型传感器

C．模拟式传感器和数字式传感器

D．以上都不对

二、填空题

1．传感器将被测量的信息按某种规律（数学函数法则）转换为电信号或其他形式的输出信号，以满足信息__________、__________、__________、__________和__________等要求。

2．传感器通常由__________、__________和__________组成，有时还将加上辅助电源，为设备供电。

3．一个完整的传感器检测系统通常由__________、__________、__________和__________4部分组成。

4．红外对射基本的构造包括__________、__________、__________、__________等。其侦测原理是利用红外__________发射的红外线，经过__________做聚焦处理，使光线传至很远距离，最后光线由__________的光电二极管接收。当有物体挡住__________发射的红外线时，由于__________无法接收到红外线，所以会发出警报。

任务二　传感器连接实训

在职业院校技能大赛“物联网技术应用与维护”赛项中，传感器的连接和应用是比赛的一个重点内容。

一、风速传感器连接实训

1．相关知识

常见的风速传感器采用三杯设计，可以有效获取外部风速信息，其壳体采用优质铝合金型材，外部进行电镀喷塑处理，具有良好的防腐、防侵蚀等特点，能够保证仪器长期使用且无锈蚀现象，同时配合内部顺滑的轴承系统，以确保信息采集的准确性，被广泛应用于温室、环境保护、气象站、船舶、码头、养殖等工作场合的风速测量。

（1）风速传感器的技术参数及数据范围如表 9-4 所示。

表 9-4　风速传感器的技术参数及数据范围

技 术 参 数	数 据 范 围
使用场所	室外
防护类型	防水
精度（电流输出型）	1m/s（0.2m/s 启动）
量程	0～30m/s
供电电压	直流 12～24V
输出信号电流	4～20mA

（2）风速传感器供电及通信端连接方式。

图 9-11 所示为风速传感器实物图。风速传感器的红色线为电源线接+24V，黑色线为地线接 GND，蓝色线为风速信号输出线。

图 9-11　风速传感器实物图

2．绘制电路接线图

图 9-12 所示为风速监测报警电路接线图，风速传感器的风速信号输出线（蓝色）接 ADAM_4017 的 IN7+端，正、负极分别与 24V 直流电源的正、负极相连，ADAM_4017 的 D+和 D−分别接 RS-232/RS-485 转换器的 T/R+和 T/R−。上位机先通过 RS-232/RS-485 转换器获取风速数据，然后使用环境监控软件监测风速的变化。

绘制电路接线图的具体步骤如下。

步骤 1：打开 Visio 2010 绘图软件，导入绘图模具文件（模具.vss）。

步骤 2：在“模具”中选择风速传感器、RS-232/RS-485 转换器、ADAM_4017 型模拟量采集器等设备并拖入绘图工作区。

步骤 3：单击“连接线”按钮，连接线路。

步骤 4：标示信号线、电源线和地线等电路符号。

步骤 5：单击“保存”按钮，保存绘制的图形文件。

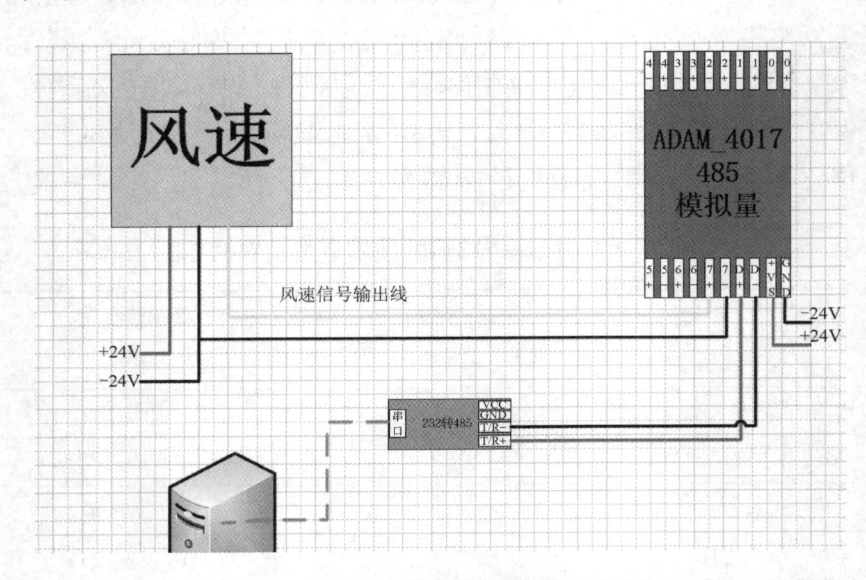

图 9-12 风速监测报警电路接线图

3. 设备安装与电路接线

如图 9-13 所示，对实验板上的风速传感器进行连接，线路经实验板背部线槽走线。

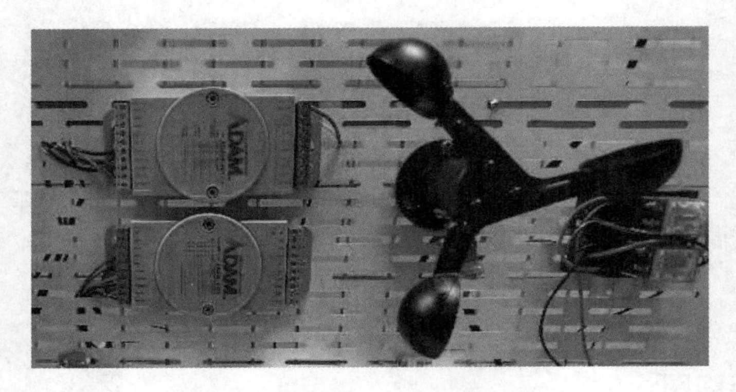

图 9-13 风速传感器连接实训图

4. 参数调试及应用

登录新大陆物联网云平台，进入开发者中心，单击“策略管理”按钮，添加对应策略。风速传感器参数调整界面如图 9-14 所示。

云平台 / 开发者中心 / 物联网 / 逻辑控制 / 策略管理 / 编辑策略

返回上一页

选择设备 物联网网关 打开选择 操作策略前请先选择设备

策略类型 设备控制 策略支持设备控制及部件报警等

条件表达式 {风速}>0 这里将显示通过下面选择器生成的完整表达式语句，执行时根据条件返回的真/假来决定是否执行策略

- 括号 + 风速（m_wind_spe 大于 0 - 括号 + 这里设计您的策略表达式，通过"添加"按钮可以多组合条件

策略动作 风扇 选择 打开（1） 延时/秒 当条件表达式和定时时间都"满足"时将执行自动执行该运作，通过"添加"按钮可以多动作触发

定时执行 每日 20:30 选择整点（如09：00）则会在点内的任意分钟判断触发，通过"添加"按钮可以多定时

确定 返回

图 9-14 风速传感器参数调整界面

二、温湿度传感器连接实训

1．相关知识

（1）温湿度传感器多以温湿度一体式的探头作为测温元件，将温度和湿度信号采集出来，经过稳压滤波、运算放大、非线性校正、电压/电流转换、恒流及反向保护等电路的处理后，转换成与温度和湿度呈线性关系的电流信号或电压信号。

（2）温湿度传感器为传感、变送一体化设计，输出信号为 4～20mA 的电流信号，工作电压为直流 24V；适用于室内环境温湿度测量；采用专用温度补偿电路和线性化处理电路，性能可靠、使用寿命长、响应速度快。图 9-15 所示为温湿度传感器实物图，共有 4 条引线，其中红色线接电源正极，黑色线为地线接电源负极，蓝色线为温度信号线，绿色线为湿度信号线。

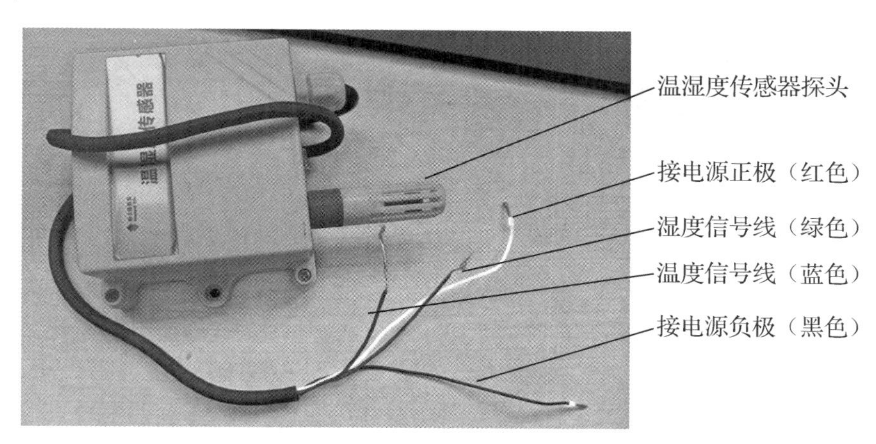

图 9-15 温湿度传感器实物图

2．绘制电路接线图

图 9-16 所示为温湿度传感器接线图，温湿度传感器接上电源后，将温度信号线（蓝色）接 ADAM_4017 的 IN2+端、湿度信号线（绿色）接 ADAM_4017 的 IN0+端，正、负极分

别与 24V 直流电源的正、负极相连，ADAM_4017 的 D+和 D−分别接网关的 T/R+和 T/R−。上位机先通过网关获取温湿度数据，然后使用环境监控软件监测温湿度的变化。

绘制电路接线图的具体步骤如下。

步骤 1：打开 Visio 2010 绘图软件，导入绘图模具文件（模具.vss）。

步骤 2：在“模具”中选择温湿度传感器、网关、ADAM_4017 型模拟量采集器、ADAM_4150 型数字量采集器等设备并拖入绘图工作区。

步骤 3：单击“连接线”按钮，连接线路。

步骤 4：标示信号线、电源线和地线等电路符号。

步骤 5：单击“保存”按钮，保存绘制的图形文件。

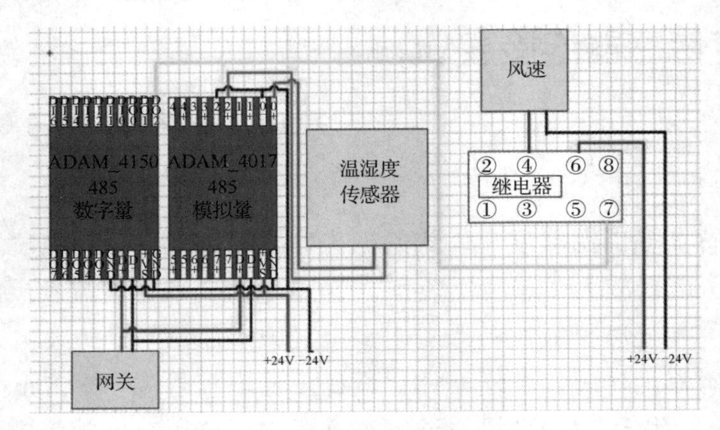

图 9-16　温湿度传感器接线图

3．设备安装与电路接线

温湿度传感器连接实训图如图 9-17 所示。

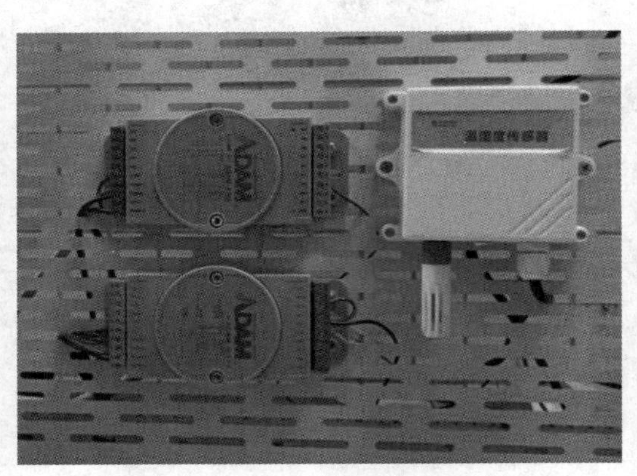

图 9-17　温湿度传感器连接实训图

4．参数调试及应用

登录新大陆物联网云平台，进入开发者中心，单击“策略管理”按钮，添加对应策略。温湿度传感器参数调整界面如图 9-18 所示。

图 9-18　温湿度传感器参数调整界面

三、光照度传感器连接实训

1．相关知识

（1）光照度传感器是一种传感器，其工作原理是将光照强度（简称“光照度”）值转为电压值，主要用于农业、林业、温室大棚培育等。

（2）光照度传感器供电及通信端连接方式：图 9-19 所示为光照度传感器实物图，它共有 3 条引线，其中红色线接电源正极，黑色线为地线接电源负极，蓝色线为信号线。

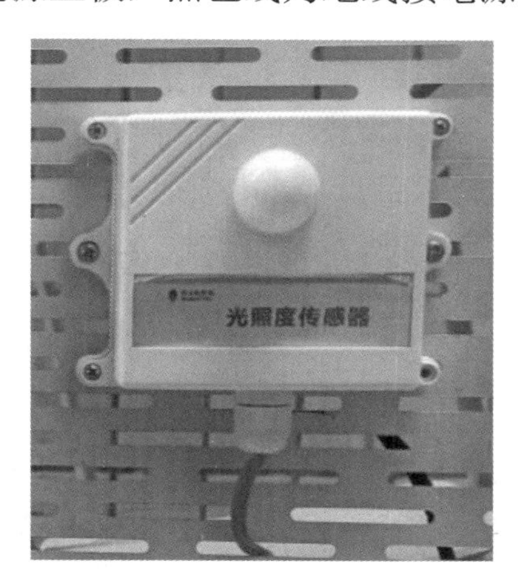

图 9-19　光照度传感器实物图

2．绘制电路接线图

图 9-20 所示为光照度传感器接线图，光照度传感器的信号线（蓝色）接 ADAM_4017 的 IN1+端，正、负极分别与 24V 直流电源的正、负极相连，ADAM_4017 的 D+和 D−分别接网关的 T/R+和 T/R−。上位机先通过网关获取光照数据，然后使用环境监控软件监测光照的变化。

搭配 ADAM_4150 使用，如图 9-20 所示，ADAM_4150 的 DO2 端接继电器 7 号引脚，

照明灯的正极接继电器 4 号引脚，照明灯的负极和继电器 6 号引脚分别接 24V 直流电源的负极和正极，ADAM_4150 的 D+和 D−分别接网关的 T/R+和 T/R−。

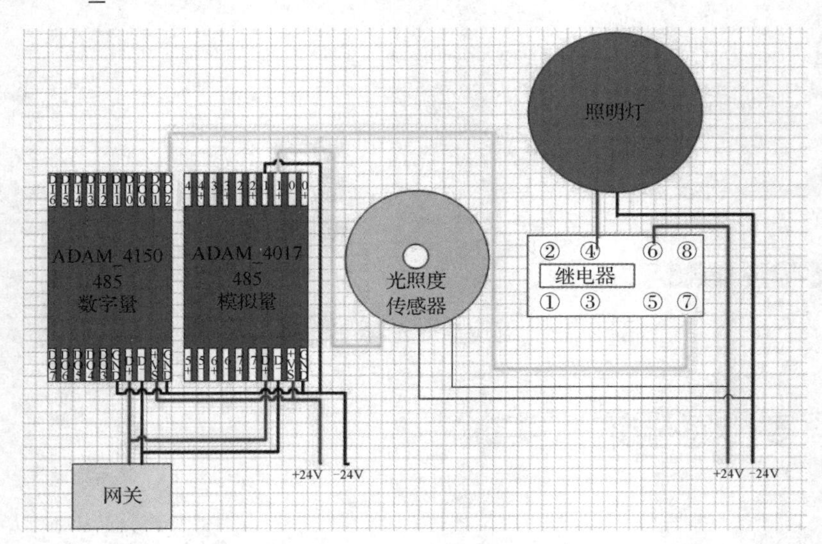

图 9-20　光照度传感器接线图

绘制电路接线图的具体步骤如下。

步骤 1：打开 Visio 2010 绘图软件，导入绘图模具文件（模具.vss）。

步骤 2：在“模具”中选择光照度传感器、网关、ADAM_4017 型模拟量采集器、ADAM_4150 型数字量采集器等设备并拖入绘图工作区。

步骤 3：单击“连接线”按钮，连接线路。

步骤 4：标示信号线、电源线和地线等电路符号。

步骤 5：单击“保存”按钮，保存绘制的图形文件。

3．设备安装与电路接线

光照度传感器连接实训图如图 9-21 所示。

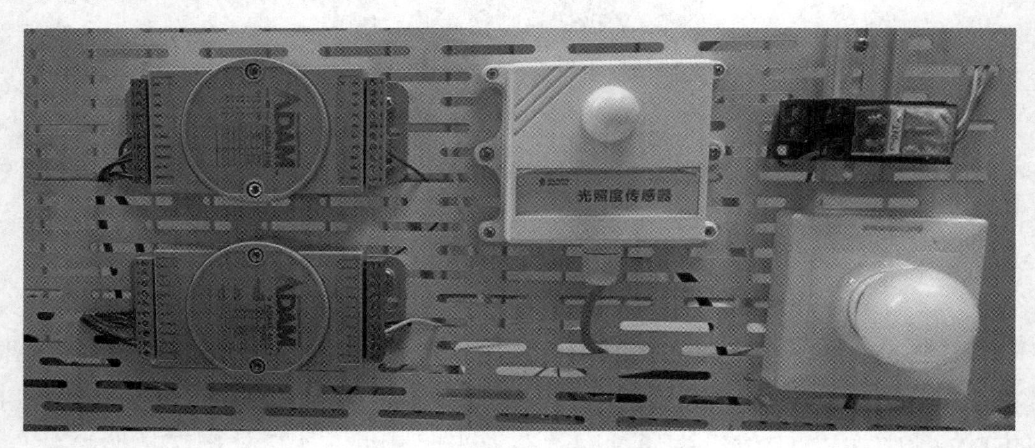

图 9-21　光照度传感器连接实训图

4．参数调试及应用

登录新大陆物联网云平台，进入开发者中心，单击“策略管理”按钮，添加对应策略。光照度传感器参数调整界面如图 9-22 所示。

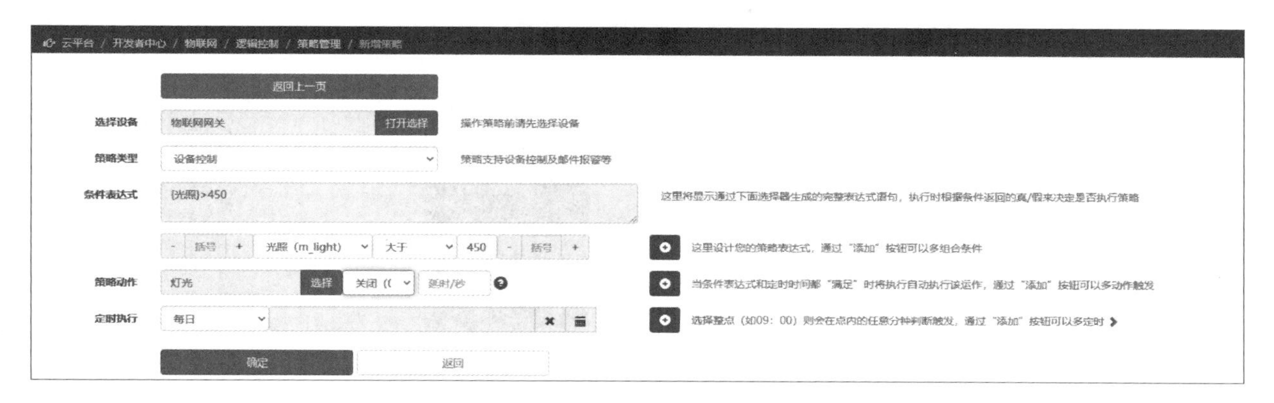

图 9-22　光照度传感器参数调整界面

四、红外对射连接实训

1．相关知识

红外对射供电及通信端连接方式：红外对射上的电源接线端用“+”“-”标示，分别接 24V 直流电源的正、负极，报警信号输出一般用“OUT”“COM”标示，其中“OUT”接平台的报警信号输入端，“COM”接公共端口。红外对射的实物图如图 9-23 所示。

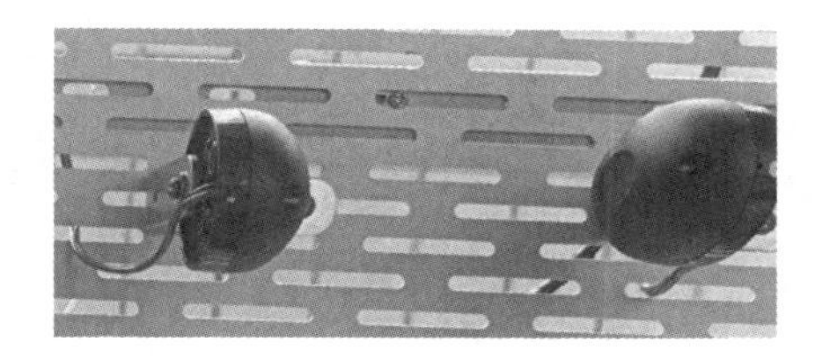

图 9-23　红外对射的实物图

2．绘制电路接线图

图 9-24 所示为红外对射接线图，红外对射主模块输出口“OUT”的信号线（蓝色）接 ADAM_4150 的 DI6 端，红外对射主模块和红外对射子模块的正、负极分别接 24V 直流电源的正、负极，“COM”接 24V 直流电源的负极，ADAM_4150 的 D+和 D-分别接网关的 T/R+和 T/R-。上位机先通过网关获取数据，然后使用环境监控软件监测红外对射的变化。

绘制电路接线图的具体步骤如下。

步骤 1：打开 Visio 2010 绘图软件，导入绘图模具文件（模具.vss）。

步骤 2：在“模具”中选择红外对射、网关、ADAM_4150 型数字量采集器等设备并拖入绘图工作区。

步骤 3：单击“连接线”按钮，连接线路。

步骤 4：标示信号线、电源线和地线等电路符号。

步骤 5：单击“保存”按钮，保存绘制的图形文件。

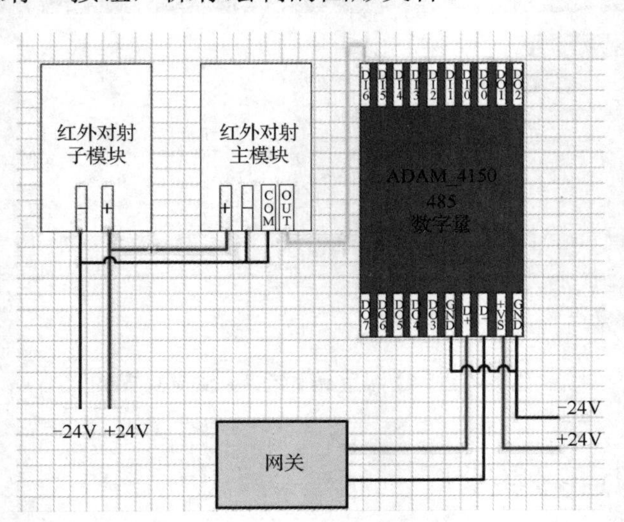

图 9-24　红外对射接线图

3．设备安装与电路接线

红外对射连接实训图如图 9-25 所示。

图 9-25　红外对射连接实训图

4．参数调试及应用

登录新大陆物联网云平台，进入开发者中心，单击“策略管理”按钮，添加对应策略。红外对射参数调整界面如图 9-26 所示。

图 9-26　红外对射参数调整界面

【实训任务】

根据本任务学习内容，参考图 9-12、图 9-16、图 9-20、图 9-24，完成风速传感器、温湿度传感器、光照度传感器及红外对射的电路连接。

【课后练习题】

一、选择题

1. 常见的风速传感器采用三杯设计，可以有效获取外部风速信息，其壳体采用优质铝合金型材，外部进行电镀喷塑处理，具有良好的防腐、防侵蚀等特点，能够保证仪器长期使用且无锈蚀现象，同时配合内部顺滑的轴承系统，以确保信息采集的准确性，被广泛应用于（　　）的风速测量。

A. 温室、环境保护、气象站、船舶、码头、养殖等工作场合

B. 太空、环境保护、气象站、船舶、码头、养殖等工作场合

C. 航空、气象站、船舶、码头、养殖等工作场合

D. 太空、航空、气象站、船舶、码头、养殖等工作场合

2. 结合上下文，你认为 ADAM_4017 是（　　）。

A. 模拟量输入模块　　　　B. 数字量输入模块

C. 模拟量存储模块　　　　D. 数字量存储模块

3. 传输温湿度传感器数据时，ADAM_4017 的 D+和 D−分别接（　　）。

A. 24V 直流电源的正、负极　　　　B. 网关的 T/R+和 T/R−

C. ADAM_4150 的 D+和 D−　　　　D. 以上都不对

4．温湿度传感器的输出信号为（　　）的电流信号，工作电压为（　　）。

A．0～20mA，DC 5V　　B．4～20mA，AC 5V

C．0～20mA，DC 24V　　D．4～20mA，DC 24V

二、填空题

1．常见的风速传感器接线，其中红色线为电源线接________V，黑色线为地线接________，蓝色线为________，应接________的IN7+端。

2．温湿度传感器多以________的探头作为测温元件，将温度和湿度信号采集出来，经过________、________、非线性校正、________、恒流及反向保护等电路的处理后，转换成与温度和湿度呈线性关系的________或________。

3．红外对射供电及通信端连接方式：红外对射上的电源接线端用“+”“-”标示，分别接________正、负极，报警信号输出一般用“OUT”“COM”标示，其中“OUT”接________，“COM”接________。

任务三　认识传感器套件

物联网是指通过信息传感设备，按约定的协议，将任何物体与网络相连接，物体通过信息传播媒介进行信息交换和通信，以实现智能化识别、定位、跟踪、监管等功能的一种网络。

随着近年来连接到物联网的设备在多样性和数量方面出现指数级的增长，为了物联网开发的方便，大量的物联网硬件供应商将敏感元件打包成传感器套件供开发者选择，开发者直接选择套件连接开发平台，像堆积木一样就可以进行物联网产品的开发，从而大大降低了开发者的软、硬件素养要求，推动了物联网行业的快速发展。树莓派连接传感器套件如图 9-27 所示。

图 9-27　树莓派连接传感器套件

一、传感器套件

图 9-28 所示为常见的传感器套件，我们可以通过各大电商和线下销售等平台获得这些传感器套件，价格实惠，应用简单，只要将传感器套件有效连接至开发板（单片机、树莓派、Arduino 等），就能很方便地进行物联网产品的开发。

图 9-28　常见的传感器套件

二、传感器套件介绍

1. HC-SR501 人体红外感应模块

HC-SR501 人体红外感应模块如图 9-29 所示。

（1）工作方式：在设置的范围内，若感应到有人活动，则输出高电平（3.3V）；否则输出低电平（0V）。可重复触发输出高电平，感应到人体后，在一个延时时间段内，保持输出高电平且不再感应，延时结束后重新检测，如果有人在其感应范围内活动，其输出将一直保持高电平，直到人离开后，才会将高电平变为低电平（感应模块检测到人体的每一次活动后会自动顺延一个延时时间段，并且以最后一次活动的时间为延时时间的起始点）。

（a）外形

图 9-29　HC-SR501 人体红外感应模块

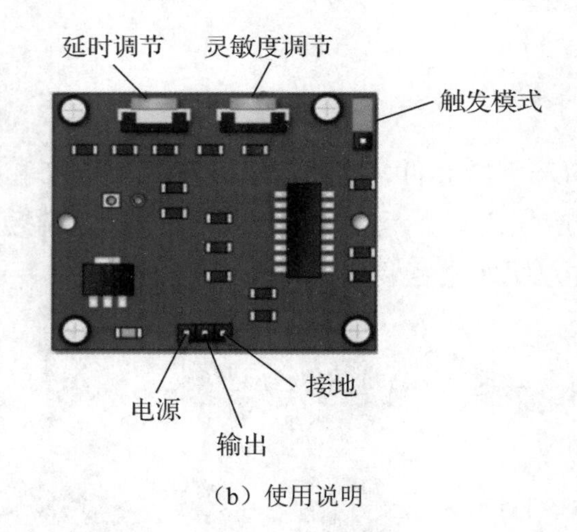

（b）使用说明

图 9-29　HC-SR501 人体红外感应模块（续）

（2）基本参数如下。

① 工作电压：4.5～20V 直流电压。

② 电平输出：高电平（3.3V）/低电平（0V）。

③ 可设置：感应范围（7m 以内）、延时时间。

2. 火焰传感器模块

火焰传感器模块如图 9-30 所示。火焰是由各种燃烧生成物、中间物、高温气体、碳氢物质及无机物质为主体的高温固体微粒构成的。火焰的热辐射具有离散光谱的气体辐射和连续光谱的固体辐射。火焰传感器利用红外线对火焰非常敏感的特点，使用特制的红外线接收管来检测火焰，然后把火焰的亮度转化为高低变化的电平信号。

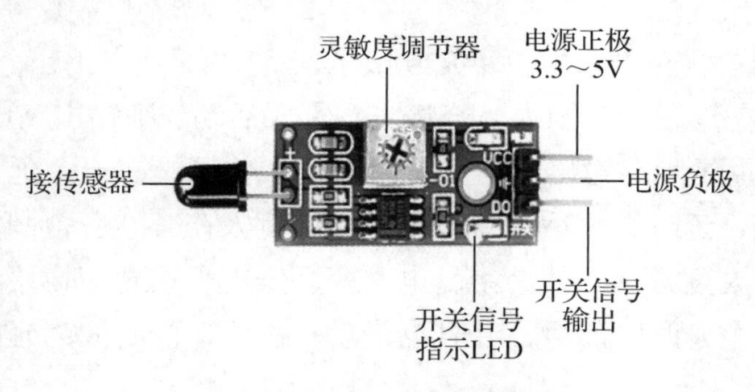

图 9-30　火焰传感器模块

基本参数如下。

（1）工作电压：3.3～5V 直流电压。

（2）电平输出：TTL 电平输出，高电平（5V）/低电平（0V）。

（3）可设置：打火机测试 80cm，可调节灵敏度。

3. 光敏传感器模块

光敏传感器模块如图 9-31 所示。光敏传感器模块采用光敏电阻制作，对环境光线敏感，一般用来检测周围环境的光线亮度，触发单片机或继电器模块等；微调电位器可调节检测光线亮度，在外界环境光线亮度达不到设定阈值时，光敏传感器模块 DO 端输出高电平，在外界环境光线亮度超过设定阈值时，光敏传感器模块 DO 端输出低电平。光敏传感器模块的主要用途有光线亮度检测、光线亮度传感器、智能小车寻光等。

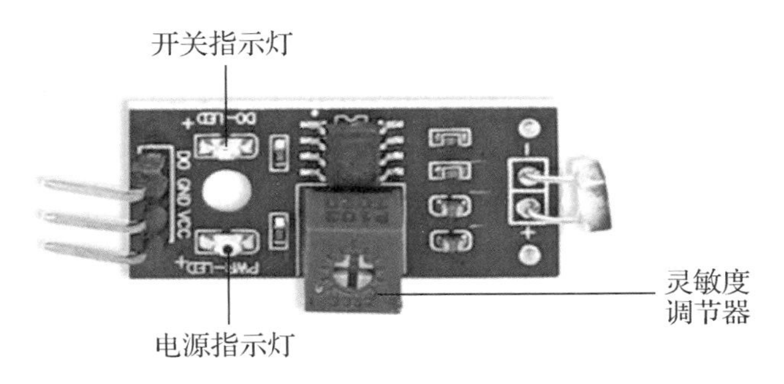

图 9-31　光敏传感器模块

基本参数如下。

（1）工作电压：3.3～5V 直流电压。

（2）电平输出：高电平（3.3V）/低电平（0V）。

（3）可设置：根据环境光线亮度情况调节灵敏度。

4．MFRC-522 RFID 感应模块

MFRC-522 RFID 感应模块如图 9-32 所示。MFRC-522 是应用于 13.56MHz 非接触式通信中高集成度的读写卡芯片，是 NXP 公司针对“三表”应用推出的一款低电压、低成本、小体积的非接触式读写卡芯片，是智能仪表和便携式手持设备研发的较好选择。

MFRC-522 利用了先进的调制和解调概念，完全集成了在 13.56MHz 下所有类型的被动非接触式通信方式和协议，支持 14443A 兼容应答器信号，数字部分处理 ISO14443A 帧和错误检测。此外，它还支持快速 CRYPTO1 加密算法，用于验证 MIFARE 系列产品。MFRC-522 支持 MIFARE 系列更高速的非接触式通信，双向数据传输速率高达 424kbit/s。它与主机间通信采用 SPI 模式，有利于减少连线、缩小印制电路板体积、降低成本。

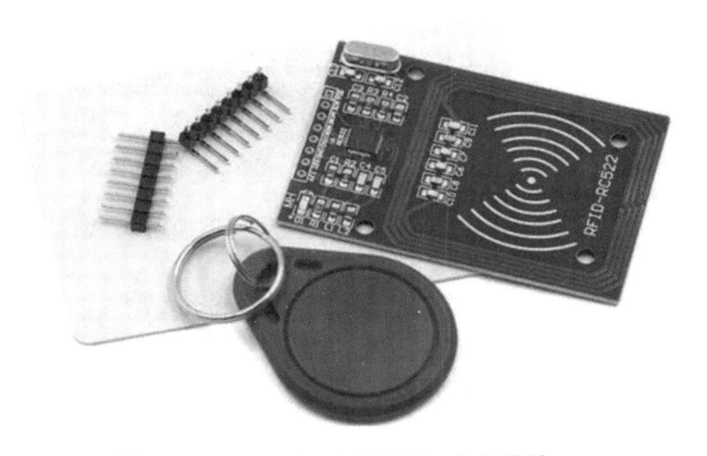

图 9-32　MFRC-522 RFID 感应模块

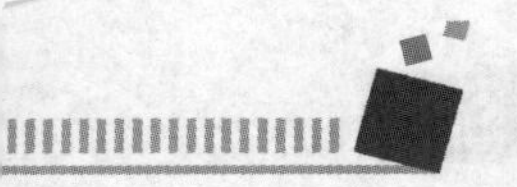

MFRC-522 RFID 感应模块引出了 8 个引脚供用户使用，对应的引脚功能如下。

（1）SDA：数据接口。

（2）SCK：时钟接口。

（3）MISO：SPI 接口主入从出。

（4）MOSI：SPI 接口主出从入。

（5）NC：悬空。

（6）GND：接地端。

（7）RST：模块复位。

（8）3.3V：电源输入端，电压为 3.3V。

基本参数如下。

（1）工作电流：13～26mA/直流 3.3V。

（2）空闲电流：10～13mA/直流 3.3V。

（3）休眠电流：<80μA。

（4）峰值电流：<30mA。

（5）工作频率：13.56MHz。

（6）支持的卡类型：Mifare1 S50、Mifare1 S70、Mifare UltraLight、Mifare Pro、Mifare Desfire。

5．HC-SR04 超声波模块

HC-SR04 超声波模块如图 9-33 所示。该模块性能稳定，测量距离精确，精度高，盲区小。其产品主要应用于机器人避障、物体测距、液位检测、公共安防、停车场检测等领域。HC-SR04 超声波模块的工作原理如下。

图 9-33　HC-SR04 超声波模块

（1）采用 I/O 口 Trig 触发测距，产生至少 10μs 的高电平。

（2）自动发送 8 个 40kHz 的方波信号，并自动检测是否有信号返回。

（3）若有信号返回，则通过 I/O 口 Echo 输出一个高电平，高电平持续的时间就是超声波从发射到返回的时间。测试距离=［高电平时间×声速（340m/s）］/2。

（4）该模块使用简单，只需要提供一个 10μs 以上脉冲触发信号，该模块内部将发出 8 个 40kHz 周期电平并检测回波信号。一旦检测到有回波信号就输出回响信号。回响信号的脉冲宽度与所测的距离成正比。因此，通过发射信号到收到回响信号的时间间隔可以计算得到距离。建议测量周期在 60ms 以上，以防止发射信号对回响信号的影响。

该模块引出了 4 个引脚供用户使用，对应的引脚功能如下。

（1）VCC：接 5V 电源。

（2）Trig：发送触发信号（控制端）。

（3）Echo：接收回响信号（接收端）。

（4）GND：接地。

基本参数如下。

（1）使用电压：5V。

（2）静态电流：小于 2mA。

（3）电平输出：高电平 5V，低电平 0V。

（4）感应角度：不大于 15°。

（5）探测距离：2～450cm。

（6）高精度：可达 0.2cm。

【实训任务】

观察传感器套件的特点，识别传感器套件名称，并填写表 9-5。

表 9-5　传感器套件的识别

序　　号	传感器套件名称	特　　点

【课后练习题】

一、选择题

1．人体红外感应模块通电工作时，在设置的范围内，若感应到有人活动，则输出（　　）；否则输出（　　）。

A．高电平（3.3V），低电平（0V）　　B．高电平（5V），低电平（0V）

C．低电平（0V），高电平（3.3V）　　D．低电平（0V），高电平（5V）

2．常见的人体红外感应模块正常工作时，可设置感应范围为（　　）。

A．3m 以内　　B．5m 以内　　C．7m 以内　　D．9m 以内

3．常见的光敏传感器模块的主要用途有（　　）。

A．光线亮度检测、光线亮度传感器、智能小车寻光

B．光线亮度检测、光线亮度传感器、人体红外传感器

C．光线亮度检测、光线亮度传感器、火焰传感器模块

D．光线亮度传感器、人体红外传感器、火焰传感器模块

4．关于 HC-SR04 超声波模块的引脚说明，正确的是（　　）。

A．VCC 接 5V 电源、Trig 接收回响信号（接收端）、Echo 发送触发信号（控制端）、GND 接地

B．VCC 接 5V 电源、Trig 发送触发信号（控制端）、Echo 接收回响信号（接收端）、GND 接地

C．VCC 接地、Trig 发送触发信号（控制端）、Echo 接收回响信号（接收端）、GND 接 5V 电源

D．以上都不对

二、填空题

1．物联网是指通过信息传感设备，按约定的协议，将任何物体与网络相连接，物体通过信息传播媒介进行信息交换和通信，以实现智能化__________、__________、__________、__________等功能的一种网络。

2．HC-SR501 人体红外感应模块感应到人体后，在一个延时时间段内，保持输出__________且不再感应，延时结束后重新检测，如果有人在其感应范围内活动，其输出将一直保持__________，直到人离开后，才会将__________变为__________。

3．火焰传感器利用红外线对火焰非常敏感的特点，使用特制的__________来检测火焰，然后把火焰的亮度转化为高低变化的__________。

4．TTL 电平可以理解成高电平为__________V，低电平为__________V。